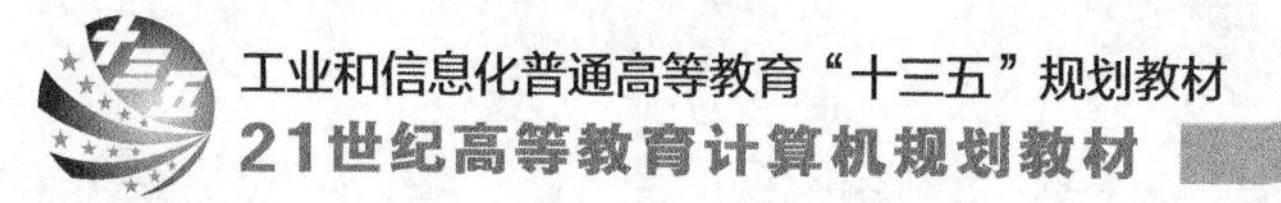

工业和信息化普通高等教育“十三五”规划教材

21世纪高等教育计算机规划教材

计算机基础实验指导（第4版）

The Experimental Guidance of Computer Fundamental

■ 周明红 王建珍 主编

人民邮电出版社

北京

图书在版编目（CIP）数据

计算机基础实验指导 / 周明红，王建珍主编. -- 4版. -- 北京 : 人民邮电出版社，2019.9（2021.12重印）
21世纪高等教育计算机规划教材
ISBN 978-7-115-51789-0

Ⅰ. ①计… Ⅱ. ①周… ②王… Ⅲ. ①电子计算机－高等学校－教学参考资料 Ⅳ. ①TP3

中国版本图书馆CIP数据核字(2019)第172812号

内 容 提 要

本书是《计算机基础（第 4 版）》的配套实验教材。本书的实验环境为 Windows 10 操作系统和 Microsoft Office 2016 办公软件。本书主要包含“基本实验”和“综合训练”两个部分。其中，“基本实验”部分共包含 23 个与主教材内容结合紧密的实验；“综合训练”部分共包含 6 个项目，每个项目均提供了具体的项目要求和训练内容，是“基本实验”部分的相关知识的综合应用。另外，本书的附录部分提供了 Windows 10 操作系统和 Microsoft Office 2016 办公软件的常用快捷键，以及 Excel 常用函数汇编内容，并更新了自测题。

本书重视计算机技术的操作和应用，内容非常实用和适用，操作过程指导详细，可作为高等院校“计算机基础”课程的实验指导书，也可以作为读者自学计算机操作和应用的练习指导书。

◆ 主　　编　周明红　王建珍
　责任编辑　邹文波
　责任印制　陈　犇
◆ 人民邮电出版社出版发行　　北京市丰台区成寿寺路 11 号
　邮编　100164　　电子邮件　315@ptpress.com.cn
　网址　http://www.ptpress.com.cn
　北京九州迅驰传媒文化有限公司印刷
◆ 开本：787×1092　1/16
　印张：9.75　　2019 年 9 月第 4 版
　字数：215 千字　　2021 年 12 月北京第 6 次印刷

定价：29.80 元

读者服务热线：(010) 81055256　印装质量热线：(010) 81055316
反盗版热线：(010) 81055315
广告经营许可证：京东市监广登字 20170147 号

第 4 版前言

本书在第 3 版的基础上，更新了实验环境，充实了实验内容，使其与主教材结合得更加紧密，能更好地帮助读者提高计算机应用能力。

本书的实验环境采用 Windows 10（简称 Win 10）操作系统以及 Microsoft Office 2016 办公软件，实验内容与主教材内容基本同步。在实验内容的安排方面，本书继续将实验内容划分为“基本实验”和“综合训练”两大部分，并依据实验环境对相关内容进行了更新。附录中更新了 Windows 10 和 Microsoft Office 2016 的快捷键内容，并提供了 3 套与教材内容紧密结合的自测题。

本课程的实验环境应为网络多媒体环境，实验学时数最少要达到 36 学时，有条件的可增加学生自主实验 10～18 个学时。

本书由周明红、王建珍担任主编，靳燕担任副主编。实验 1、实验 5、实验 6、综合训练 1 由王建珍、董妍茹编写，实验 2 至实验 4、附录 A 由杨潞霞编写，实验 7、实验 8、附录 D 由张晓娟编写，实验 9 至实验 12、综合训练 2、附录 B 由成晋军编写，实验 13 至实验 18、附录 C 由周明红编写，综合训练 3、综合训练 4 由李庆波编写，实验 19 至实验 21 由靳燕编写，实验 22、实验 23、综合训练 5、综合训练 6 由李敏编写，全书由周明红统稿。

另外，本书的编写得到了杨继平教授、马尚才教授等的大力支持，在此一并表示感谢。

编　者

2019 年 7 月

计算机基础实验指导　微课索引

基本实验	
实验 1	Win 10 操作系统的安装
实验 3	1. 任务栏的自动隐藏与其他设置
	2. 更改鼠标指针设置
	3. 窗口操作
实验 4	1. 熟悉 Windows “文件资源管理器”的使用
	2. 在“文件资源管理器”中对文件和文件夹进行操作
实验 5	163 邮箱的使用
实验 6	360 杀毒软件的使用
实验 7	1. 制作免冠照片

基本实验	
实验 7	2. 制作森林别墅
	3. 爱剪辑软件的使用
实验 8	1. 360 安全卫士
	2. 下载 Adobe Reader
	3. 阅读电子文档
实验 9	1. 保存文档
	2. 另存为文档
	3. 剪贴板
	4. 帮助

基本实验		
实验 9	5. 字符、段落、页面设置	
实验 10	1. 插入艺术字	
	2. 插入公式	
	3. 插入水印	
	4. 插入页码	
	5. 插入文本框	
	6. 插入图片	
	7. 插入图形	
	8. 插入 SmartArt 图形	
实验 11	1. 表格计算	

基本实验		
实验 11	2. 斜线表头	
实验 12	1. 页面设置	
	2. 修改样式	
	3. 插入目录	
	4. 页眉、页脚	
实验 13	1. 费用综合统计表	
	2. 月度考勤记录表	
实验 14	学生成绩表的制作与计算	
实验 15	图表的使用	
实验 16	数据的分析与管理	

基本实验		
实验 17	演示文稿的设计与制作	
实验 18	演示文稿的动画与放映设置	
实验 19	1. 创建表 Teachers	
	2. 创建表 Students	
	3. 向 Students 表中添加记录	
	4. 修改表 Teachers1 的结构	
	5. 导出表 Teachers2 中的数据	

基本实验		
实验 20	1. 使用“查询设计”创建查询	
	2. 创建窗体	
	3. 使用向导创建报表	
实验 22	1. 绘制业务流程图	
	2. 绘制数据流图基本图元	
实验 23	项目管理	

综合训练		
综合 1	设置开机密码	
综合 2	1. 页面设置	

综合训练		
综合 2	2. 设置页眉与页脚	
	3. 设置分栏	

综合训练		
综合 2	4. 设置文本框和艺术字	
	5. 设置样式	
	6. 并排文本框	
	7. 项目符号	
	8. 竖排文本框	
综合 3	Excel表格综合使用训练	

综合训练		
综合 4	“学生规划诊断”演示文稿设计	
综合 5	1. 创建数据库	
	2. 创建表关系	
	3. 创建查询	
综合 6	选课业务流程图	

目录

第一部分　基本实验

第二部分　综合训练

附录

参考文献

第一部分　基本实验

实验 1　计算机系统的组成及设置

1. 实验目的

（1）认识计算机硬件。

（2）掌握计算机系统的开机、关机方法。

（3）掌握 BIOS 的常用设置。

（4）熟悉 Windows 10（简称 Win10）操作系统的安装方法。

2. 实验内容

（1）计算机基本操作。

①从外观上认识计算机，认识机箱、显示器、鼠标、键盘。

②查看上述计算机硬件如何与机箱连接，认识主机接口。

③掌握计算机系统的启动方法。

- 冷启动：先打开外设电源；再打开主机电源“Power”。
- 热启动：同时按下【Ctrl+Alt+Del】组合键。
- 复位启动：按主机面板上的复位【Reset】键。

不要反复开关计算机电源，避免损坏计算机。

④掌握计算机系统的关机方法。

在任务栏中执行“开始”→“关闭计算机”→“关闭”命令。

（2）认识计算机硬件。

①利用百度等搜索引擎分别搜索 CPU、内存、硬盘、主板、显卡、声卡、网卡、显示器、鼠标、键盘等硬件的图片，了解它们的性能参数及常见品牌。

②读懂表 1-1 中所示的计算机组装配置清单，并尝试制作一份计算机组装配置清单。

表 1-1　计算机组装配置清单

配件名称	品牌型号	参考价格
处理器	Intel 酷睿 i3 8100（盒装）	￥799
散热器	酷冷至尊 T20 红光版 CPU 散热器	￥49
显卡	七彩虹 iGame 1050Ti 烈焰战神 S-4GD5G	￥1169
主板	技嘉 H310M DS2V 主板	￥499
内存	芝奇 DDR4 8GB 2666MHz 内存	￥499

续表

配件名称	品牌型号	参考价格
硬盘	台电 A800 240GB 固态硬盘	¥349
机箱	先马杰作 1 计算机机箱	¥149
电源	长城 HOPE-4500DS 电源	¥219
显示器	AOC I2379V/WS 显示器	¥769
键盘、鼠标	用户自选	--
参考价格	4501 元	

（3）常用 BIOS 的设置。

CMOS 是计算机主板上的一块可读写的 RAM 芯片。BIOS 是专门用来设置硬件的一组计算机程序。该程序保存在主板上的 CMOS RAM 芯片中，通过 BIOS 可以修改 CMOS 中的系统参数。由此可见，BIOS 是用来完成系统参数设置与修改的工具，CMOS 是设定系统参数的存放场所。

①进入 BIOS 设置程序。

启动计算机后，BIOS 将会自动执行自我检查程序。这个程序通常被称为上电自检。在 BIOS 自检完成后，当屏幕左下角显示进入 BIOS 设置程序的提示时（如“Press Del to Enter Setup”），按下相应的按键，用户就可以进入 BIOS 设置程序。一般地，Award BIOS 按【Delete】键，而 AMI BIOS 按【F2】或【Esc】键。Award BIOS 的主界面如图 1-1 所示。

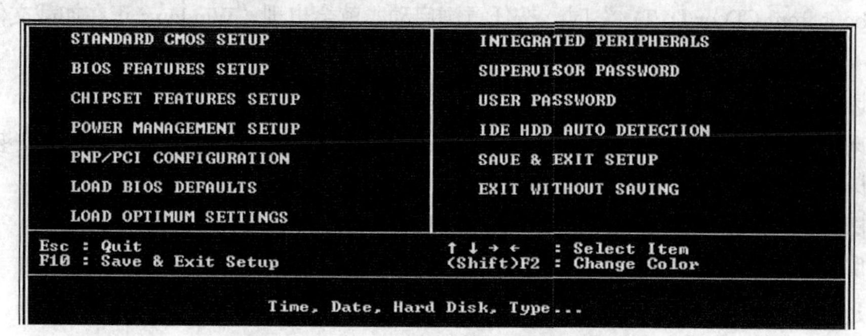

图 1-1　Award BIOS 的主界面

②设置系统日期和时间。

在 BIOS 中可以设置计算机的系统日期和时间，具体操作方法为：在 BIOS 主界面中用键盘的方向键选择“STANDARD CMOS SETUP”（标准 CMOS 设定）选项，按回车键后，进入图 1-2 所示的界面，使用左右方向键移至日期参数处，按【Page Down】或【Page Up】键设置日期参数；可使用同样的方法设置时间，最后按【Esc】键返回主界面即可。

Date (mm:dd:yy) : Mon Apr 15 2002
Time (hh:mm:ss) : 10 : 58 : 28

图 1-2　设置日期和时间

③设置设备的启动顺序。

在BIOS主界面中选择“BIOS FEATURES SETUP”（BIOS功能设定）选项后按回车键，进入调整启动的设备顺序界面，如图1-3所示。在界面中选择“Boot Sequence”（开机优先顺序），通常的顺序是：“A，C，SCSI，CDROM”。如果需要从光盘启动，则可以调整为ONLY CDROM（如需正常运行，则最好调整为由C盘启动）。

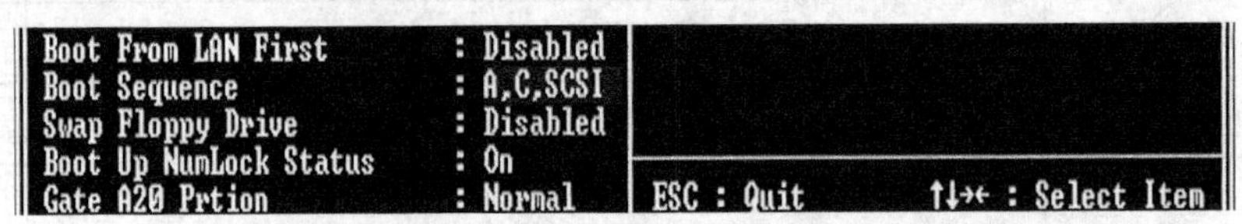

图1-3 调整启动顺序

④设置开机密码。

用户除了可以在系统中为系统设置密码外，还可以在BIOS中设置开机启动密码。在BIOS主界面中选择“SUPERVISOR PASSWORD”选项后按回车键，在弹出的输入密码的界面中输入相应的密码并按回车键确定，这时会提示再次输入密码，再次输入后继续按回车键确认，完成密码设置。

实验1 Win 10操作系统的安装

⑤退出BIOS主界面并保存设置。

在BIOS主界面中选择“SAVE & EXIT SETUP”选项后按回车键，出现提示语句“SAVE to CMOS and EXIT(Y/N)?”。输入字母“Y”后，按回车键确定，保存设置并退出BIOS主界面。

（4）Win 10操作系统的安装。

第一步：使用Win 10光盘引导启动。开机后按【F12】键，选择CD-ROM启动。在出现“Press any key to boot from CD or DVD...”时，按任意键启动，就会出现“Windows正在加载文件”进度指示器。

第二步：出现“正在启动Windows”界面，这是Win 10启动的“初始屏幕”。

第三步：在“要安装的语言”界面中选择中文，直接单击“下一步”按钮开始安装。

第四步：在“许可条款”后选中“我接受许可条款”，然后单击“下一步”按钮。

第五步：在“安装类型”中选择“自定义”安装，单击“下一步”按钮。

第六步：出现“您想将Windows安装在何处？”，在此步骤选择目标磁盘或分区，只需在具有单个空硬盘驱动器的计算机上单击“下一步”按钮即可执行默认安装。

第七步：按照计算机提示单击“下一步”按钮进行安装即可。在安装过程中，计算机要自动进行几次重新启动，大概20分钟后，操作系统安装完成。

3. 问题解答

（1）可否带电插拔主机与外设的接口线？

解答：除支持热插拔的接口（如USB）设备可以带电插拔外，其余接口设备，必须先关机、后插拔。

（2）U盘灯亮时应如何正确拔出该设备？

解答：先关闭该设备的有关程序、文件及设备窗口，再单击或右击任务栏上移动设备图标，打开快捷菜单或窗口，单击“弹出”命令后方可拔出。

（3）开启计算机时，若BIOS提示短句“CMOS battery failed”，该如何处理？

解答：BIOS 提示短句“CMOS battery failed”表明 CMOS 电池的电量耗尽了，需要换一块新的电池。

（4）开启计算机时，BIOS 提示短句“Press Esc to skip memory test”的意思是什么？

解答：提示用户正在进行内存检查，按下【Esc】键可跳过检查。

4. 思考题

（1）为什么键盘、鼠标正确连接后即可使用，而打印机却不行？

（2）计算机的冷、热启动有什么区别？

（3）在 BIOS 中可以看到“SET SUPERVISOR PASSWORD”和“SET USER PASSWORD”两个选项，两者有何区别？

实验 2　键盘操作与指法练习

1. 实验目的

（1）了解计算机键盘结构及各部分的功能。

（2）熟悉微机键盘指法分区图，掌握正确的操作指法。

（3）培养正确的击键习惯。

（4）学会使用金山打字训练软件进行指法练习。

2. 实验内容

（1）键盘结构。

认识计算机键盘结构及各部分的功能，如图 2-1 所示。

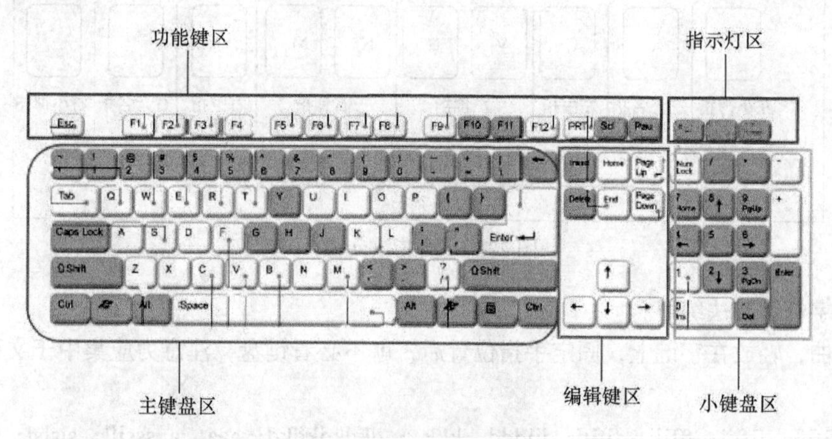

图 2-1　计算机键盘结构

功能键区：功能键区位于键盘的最上端，由【Esc】、【F1】～【F12】13 个键组成。【Esc】键称为返回键或取消键，用于退出应用程序或取消操作命令。【F1】～【F12】12 个键被称为功能键，在不同程序中有着不同的作用。

主键盘区：该区域是最常用的键盘区域，由 26 个字母键、10 个数字键以及一些符号和控制键组成。

编辑键区：编辑键区共有 13 个键，下面 4 个键为光标方向键，按下这些键时，光标会向相应的方向移动。

小键盘区：该区域通常也被称为小键盘，主要用于进行输入数据等操作。当键盘指示灯区的 Number Lock 指示灯亮起时，该区域键盘被激活，可以使用；当该灯熄灭时，则无法使用该键盘区域输入数字。

指示灯区：位于键盘的右上方，由【Caps Lock】、【Scroll Lock】、【Num Lock】3 个指示灯组成。

（2）熟悉组合键的用法。

键盘快捷方式是使用键盘来执行操作的方式。因为有助于提高工作效率，所以将其称为快捷方式。事实上，可以使用鼠标执行的所有操作或命令几乎都可以使用键盘上的一个或多个键更快地执行。

①打开某文件夹，按下【Ctrl+A】组合键，观察出现什么现象。

②选定某文件夹中的一个文件后，按下【Ctrl+C】组合键，打开另一个文件夹，再按下【Ctrl+V】组合键，观察计算机执行了什么操作。

③在某文件夹中，按下【Ctrl+H】组合键，观察计算机打开了什么栏。

了解一些组合键的用法，可以使用键盘来控制计算机，这有助于提高我们的操作效率。

（3）键盘操作及指法。

指法即手指分工，就是把键盘上的常用字符合理地分配给 10 根手指，如图 2-2 所示。

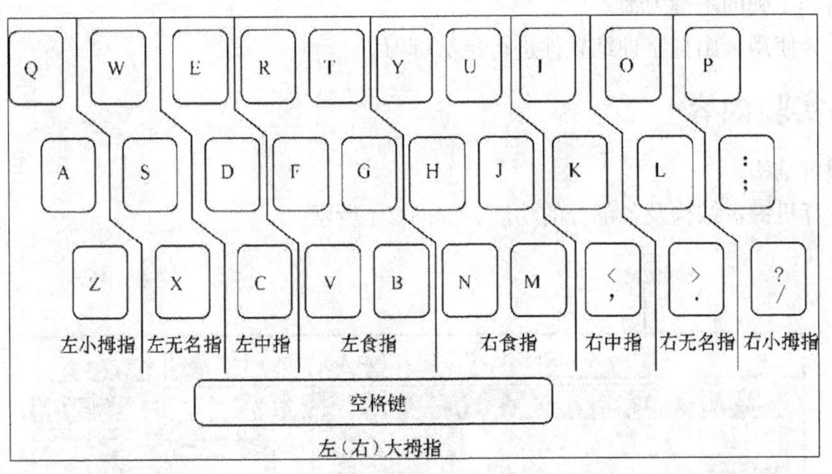

图 2-2　键盘指法分区图

①基本字母键指法练习。

手指弯曲，轻放在字键上，固定手指位置后，就不必看键盘，注意力应集中于文稿。

练习：

fffjjj；fjfjfj；fjfjjj；fffjjj；fjfjfj；jjjddd　kkk ；dkdkdkdkd；aaa　a; ssslll；slslsl；lllssslslsls；a　as ass　aass lass; asl；　lad　lads；　a lass；　asa lad asks；alas a lad fal ls；　ask a；lass as；jaf fa；falls；all jaffas；add sjsjsj dad asks

② E 和 I 键的指法练习。

原来按 D 键的左手中指向前（微偏左方）伸出击打 E 键；原来按 K 键的右手中指向前（微向左方）伸出击打 I 键。击打完后手指应立即回到基本键位上。

练习：

ded dee；kik ii；　fed jik；　see sea　；　desk　deal；ill lid；sail　kill　；　fed ask sail jail　；file file；lake lade；　jell less like；sell jade a safe idea；　a lad said；　a feded leaf；　file jail desk

③ G 和 H 键的指法练习。

原来按 F 键的左手食指向右伸一个键的距离击打 G 键；原来按 J 字键的右手食指向左伸一个键位距离击 H 键。击打完毕后，手指应立即回到基本键位上。

练习：

ghghhghg；fgfjhj；fgfjhj；had glad　；high glass；hagashsh；dhdggjhj；gkhklghg；gah dhgjfhg；dhgjfhg

④R、T、U、Y 键的指法练习。

原来按 F 键的左手食指向上方（微微偏左）伸出击打 R 键；左手食指向右上方移动击打 T 键；原来按 J 键的右手食指向上方（微微偏左）伸出击打 U 键；右手食指向左上方移动击打 Y 键。

练习：

ghglahgl；gegadagg；　gaff gall；　gash sled；　gild sigh；　sash lags；　dash shed；　fish heighl；galash allege；　jagged haggle；　shield fledge；　silage ahead　；flag gage；　khaki frf；jujfrfhyhftf；gtg rug；　gru htgruyhtyhgyytr；at a future date ;the judge is just; at least a year; use the regular rate; rest a little;after that date; a safe rige;free rides;the duke rides;a girl tales　if the jury is ready;the adjusted digure is right

⑤W、Q、O 和 P 键的指法练习。

原来按 S 键的左手无名指向左上方移动，并略微伸直击打 W 键；原来按 A 键的左手小指向左上方移动，并略微伸直击打 Q 键；原来按 L 键的右手无名指向左上方移动，并略微伸直击打 O 键；右手小指向左上方移动，并略微伸直击打 P 键。

练习：

Swslolaqa；p aqawowowqowp wipe qipe；riwot wet pop；quit weep　；pail sail　；pike joke fork work rough tough queer write pull swell told quart would world pepeer worthy without withdraw he wiped his pipe;his eyes were popped out;the worker wqs operated here;they withdrew to the opposite side

⑥V、B、M、N 键的指法练习。

原来按 F 键的左手食指向右下方伸出击打 V 键；原来按 F 键的左手食指向右下方移动，击打 B 键；原来按 J 键的右手食指向左下方伸出击打 N 键，向右下方伸出击打 M 键。

练习：

vvvbbbnnnmmm；fvfjmj；fbfjnj；fvbjnm bub nrn dvd　；kmkdbdknk；nfbkdnkv；　nine nun granny needle nibblenew never near nauht man member muse movable museum mother means mood bird brief bride burn burst better beside besive vie view viewpoint visa valve valid valid valise vain in the norning;in the afternoon;in the meantime at night;on the boat;in spring;in winter; a kind man above the door; every line;a big demand; between bames;over a month;made a mistake;both hands;

⑦C、X、Z、.、,、/键的指法练习。

原来按 D 键的左手中指向右下方移动，手指微曲击打 C 键；原来按 S 键的左手无名指向右下方移动击打 X 键；原先按 A 键的左手小指向右下方移动击打 Z 键；原来按 L 键的右手无名指向右下方移动击打（.）键；原按 K 键的右手中指向右下方移动击打（,）键；原来按（;）键的右手小指向右下方移动击打（/）键。

练习：

dcd cdcsxsxsx k, zszzdzzizkzeaze zea c/c z,z ,./ ,./ z,x.c/ /z/zz,x.c/x/xx/./xz/zc/zx/z cabin cactus call classic xylograph xylogen xanthic xsw fox excite next zero zoo zest zeal size zone cabin cake cake clean school came class music science back class copy which once reach child copy which once reach child

⑧4、5、6、7 键的指法练习。

原来按 F 键的左手食指向左上方移动，越过 R 键击打 4 字键；同样地，左手食指向右上方移动击打 5 字键；右手食指向左上方移动越过 U 键击打 7 字键；右手食指向左上方移动越过 Y 键击打 6 字键。击打这些数字键时，手指都要伸直。

练习：

frf f4f f5fjuj j7j j6j juj44f rinks; 44rinds;4 f4f and 44 flit;the 44 trees;if 44 find;f5f f5 fish fits f5f55f hide 55 flies;held 55 ffetes;55 fleets f5f j77 h77 j7j urge 77 used 77 jaws j7j 77 just 77 j77j j6j 66 jails jerky 66 jetty 66 jenny j6j jj66 j6j 66 jerks;66 joins;666 jokes;66 jays j6j jj66 66

⑨1、2、3、8、9、0 键的指法练习。

原来按在 A 的左手小指向上偏左方向移动，越过 Q 键击打 1 字键；同样地，左手无名指向上偏左方向移动击打 2 字键，用左手中指击打 3 字键，用右手中指击打 8 字键，用右手无名指击打 9 字键，用右手小指击打 0 字键。击打这些数字键时，所用手指都要向前伸展，其他手指要变得更弯曲。

练习：

ded d3d sws s2s kik k8k l0l l9l l0l;she had 33;she sees 3 elks; he had ded d3d 22 sails; swaeets; say s2s; the 88 skiffs sail; the kites failed k8 k8k the 99 fofts; and loans; are 99 lost 999 l9l boys 27 girls 38 bubbles 49 bunies 50 cattle 61 12 yesterday;34 tooday; 56 tonorrow;78 always; 90

⑩上档键【Shift】的指法练习。

上档键【Shift】在键盘上左右各有一个，分别由对应的左右手小指负责。若要打大写字母或键上面上档部分的符号时，则需使用上档键。如果打的字符键在键盘的左半部分，则用右手小指按住上档键；反之，用右手小指按住上档键。

what is the rate of exchange:Is it a favoravle one for janet? I see Ada is ready.If Hugh is ready,I shall start.In view of this information,Mr.Robinson,we are not willing to sigh the a greement. What does Kayed say that makes the clerk nerbous? When are the rate of interest and the nonthly repayments fixed? The Anglo_French Martitime Company has a fleet of 75 steamships, 8 tenders,15barges,29 tugboats,and 30 other craft.Joeasked that you please call him between 7and 8 tonight 58%print 69*56 let x! =90+190 @say print abd $,gh#,kil!,f^3 sin (x+4)log(d^4)/6 print “abcdefg”A$>b$

（4）搜狗拼音输入法。

该输入法偏向于词语输入特性，是目前国内主流的汉字拼音输入法之一。该输入法需单独安装。

①输入法切换：按【Ctrl+Shift】组合键切换到搜狗输入法，也可以为该输入法设置快捷键。

②中英文切换输入：

- 默认按下【Shift】键切换到英文输入状态，再按一下【Shift】键可返回中文输入状态。
- 单击状态栏上面的“中”字图标也可以进行切换。
- 回车输入英文：输入英文，直接按【Enter】键即可。

- V 模式输入英文：先输入“V”，然后再输入英文，可以包含@、+、*、/、-等符号，最后按空格即可。

③输入法的设置：右击输入法条，利用快捷菜单中的各项命令进行输入法的设置。

④输入法的使用：在输入窗口输入拼音，然后依次选择需要的字或词。

- 默认的翻页键是逗号（，）和句号（。），也可使用加号（+）和减号（-）。
- 输入符号：搜狗拼音输入法将许多符号表情整合进词库。

练习：输入“haha”，输入“QQ”。

- 快速输入表情以及其他特殊符号。

输入拼音“xiao”，看输入内容选择条上有哪些选项。

单击输入法设置按钮，选择“特殊符号”，练习输入一些特殊的字符。

对于生僻字，直接输入生僻字的组成部分的拼音即可。

练习：输入拼音“chong”，可在词语选择条上翻页找到“蟲”字。

- 拆字辅助码：对于单字输入，可快速定位到需要的字。需要的字在输入条中位置靠后且能被拆成两部分时，可使用“本字拼音，按住【Tab】键不放，再输入字的两部分的首字母”的方法进行输入。

练习：“娴”字的输入的顺序为“xian+tab+nx”。

- 笔画筛选：对于单字输入还可用笔顺快速定位该字。输入一个或多个字后，按下【Tab】键不放，然后用 h（横）、s（竖）、p（撇）、n（捺）、z（折）依次输入第一个字的笔顺，直到找到该字为止。五个笔顺的规则与前面的笔画输入的规则相同。若要退出笔画筛选模式，只需删掉已经输入的笔画辅助码即可。

练习：“珍”字，输入“zhen”后，按下【Tab】键不放，再输入珍的前两笔划“hh”。

- U 拆字方法：对于不认识（不知道读音）的字，可以使用 U 拆字方法输入，将该字拆分为几个字，再按“U+第一个字的拼音+第二个字的拼音”的顺序输入。

练习：“窈”字，可输入“uxueyou”。

- 偏旁读音输入法：可利用偏旁的读音输入偏旁部首，偏旁及其读音如表2-1所示。

练习：

表 2-1　偏旁及其读音

偏旁	名称	读音	偏旁	名称	读音	偏旁	名称	读音
丶	点	dian	氵	三点水	san	礻	示字旁	shi
丨	竖	shu	忄	竖心旁	shu	攵（夂）	反文旁	fan
乛	折	zhe	艹	草字头	cao	牜	牛字旁	niu
冫	两点水	liang	宀	宝盖头	bao	疒	病字旁	bing
冖	秃宝盖	tu	彡	三撇旁	san	衤	衣字旁	yi
讠	言字旁	yan	丬	将字旁	jiang	钅	金字旁	jin
刂	立刀旁	li	扌	提手旁	ti	虍	虎字头	hu
亻	单人旁	dan	犭	反犬旁	quan	（罒）	四字头	si
卩	单耳旁	dan	饣	食字旁	shi	（覀）	西字头	xi
阝	左耳刀	zuo	纟	绞丝旁	jiao	（言）	言字旁	yan
辶	走之底	zou	彳	双人旁	chi			

（5）使用金山打字训练软件进行指法训练。

3. 问题解答

输入大写英文字母有哪两种方法？

解答：输入大写英文字母常用的两种方法如下。

方法一：按住【Shift】键不放，再按字母键。

方法二：按一下【Caps Lock】键（指示灯亮），再按字母键。

4. 思考题

（1）简述键盘各部分的功能。

（2）功能键【F1】～【F12】的功能由什么决定？

（3）如何将搜狗拼音输入法设置为默认输入法？

（4）搜狗拼音输入法应该如何设置？

实验3 Windows 10的基本操作及定制

1. 实验目的

（1）掌握Windows 10的启动与退出方法。

（2）熟练掌握Windows 10的窗口操作方式。

（3）熟练掌握Windows 10“开始”菜单和任务栏的设置。

（4）理解菜单的概念，掌握菜单的基本操作。

2. 实验内容

（1）Windows 10的启动与退出。

①启动Windows 10。开机后在“登录到Windows”对话框中，输入用户名和密码，单击“确定”按钮或按【Enter】键，即可启动Win 10。

②退出Windows 10。关闭所有程序，执行“开始”菜单中的“电源”选项中的“关机”命令即可退出Windows 10。

在Windows系统中，当屏幕出现可以关机的提示时，才能关闭电源，切记不可直接关闭电源。如果没有正常关机，则在下次启动时，将自动执行磁盘扫描程序。

（2）认识Windows 10桌面。

①观察桌面的布局，认识和了解各个图标的简单功能。

②在桌面上新建一个文件夹，将其重命名为“科技”，然后删除到回收站。

③任意拖动桌面上的一些图标改变其位置，然后重新“自动排列”桌面上的图标。

④在桌面空白处单击鼠标右键，选择“查看”命令，在展开的子菜单中依次选择一种图标显示方式（大图标、中等图标或小图标），观察桌面图标的变化。

可通过拖动鼠标来移动桌面上图标的位置，但有时不能将图标拖动到指定位置。此时，可以在桌面的空白处单击鼠标右键，在弹出的快捷菜单中单击“查看”→“自动排列图标”命令，然后再拖动图标即可。

（3）任务栏的自动隐藏与其他设置。

①在任务栏空白处，单击鼠标右键，在弹出的快捷菜单中选择“任务栏设置”选项，在弹出的对话框中进行设置。

②观察任务栏的组成，拖动任务栏的位置到屏幕右侧，再恢复到原位。

③调整任务栏的大小。

实验 3-1 任务栏的自动隐藏与其他设置

任务栏中“通知区域”图标的隐藏与显示，可以通过“任务栏设置”窗口中“通知区域”项进行设置。

（4）分别设置“显示设置”和“个性化”桌面，设置屏幕分辨率为“1280×768”像素，并改变屏幕背景。

在桌面空白处单击鼠标右键，在弹出的快捷菜单中选择“显示设置”菜单，在“显示”项中设置屏幕分辨率等显示项目：在弹出的快捷菜单中选择“个性化”菜单，打开“个性化”窗口，修改“背景”“锁屏界面”等项目。

（5）更改鼠标指针设置。

在桌面空白处单击鼠标右键，在弹出的快捷菜单中选择“个性化”菜单，打开“个性化”窗口，在“主题”项中选择“鼠标光标”命令对鼠标指针进行相应的设置。

实验 3-2 更改鼠标指针设置

（6）窗口操作。

打开桌面上“计算机”和“回收站”窗口，观察 Windows 10 窗口的组成，完成如下窗口的基本操作。

①将“计算机”窗口最大化，然后还原，最后再最小化为“任务栏”上的“计算机”按钮。

②调整“回收站”窗口大小。鼠标指针指向“回收站”窗口四边或四角，当鼠标指针变为两端箭头时再拖动。

实验 3-3 窗口操作

③从“回收站”窗口切换到“计算机”窗口。

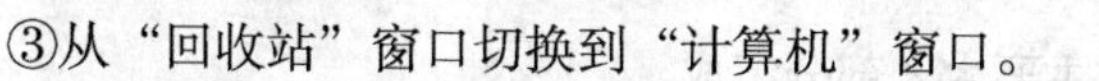

④执行任务栏的快捷菜单中的相应命令，将这两个窗口依次执行“层叠窗口”“堆叠显示窗口”和“并排显示窗口”命令。

⑤最小化所有窗口，将鼠标指针放在最小化窗口上，观察其预览窗口。

⑥还原“计算机”窗口，用“滚动条”“滚动块”或“滚动箭头”进行“计算机”窗口内容的浏览。

⑦拖动“计算机”窗口，轻轻向桌面左侧或右侧一碰，窗口就会立刻在左侧（或右侧）半屏显示，再向反方向轻轻拖动，就会恢复原来大小；拖动“计算机”窗口，轻轻向桌面的顶部一碰，窗口就会最大化，再向反方向轻轻拖动，就会恢复原来大小。

⑧还原“回收站”窗口，拖住“计算机”窗口，轻轻晃动，“回收站”的窗口将最小化。

⑨分别使用关闭按钮、【Alt+F4】组合键、文件菜单中的“关闭”命令关闭这两个窗口。

（7）对话框操作。

①了解对话框的基本选项的格式和使用场合：命令按钮、微调按钮、单选按钮、复选按钮、普通列表框、下拉列表框、文本框、滑块。

②掌握对话框的通用操作：移动对话框，“确定”“取消”“应用”“关闭”及“帮助”按钮。

提示　对话框能移动，但其大小不能改变，边框为粗线；窗口不仅能移动，而且其大小还能改变，边框为双细线。

（8）打开“写字板”，练习下拉菜单和控制菜单。

①在“开始”菜单中搜索“写字板”，打开“写字板”窗口，利用“查看”选项卡显示/隐藏“标尺”和“状态栏”，观察窗口的变化。

②单击写字板标题栏左角的图标，执行弹出的控制菜单中的某命令。

（9）设置自动运行程序。

①在“开始”菜单中找到想设置自动运行的程序，如 QQ，单击鼠标右键，选择“发送到”→“桌面快捷方式”，建立该程序的快捷方式。

②打开“启动”文件夹。

③将创建好的快捷方式图标拖到“启动”文件夹上，释放鼠标，该程序即出现在启动文件夹中，每次启动 Windows 时都将自动运行。

（10）在“开始”菜单中找到想设置到“开始”屏幕的程序，如 QQ，单击鼠标右键，选择“固定到开始屏幕”，则可将程序图标固定到“开始”屏幕上，方便用户使用；如果将其拖动到任务栏中的快速启动区中，则可将快捷方式图标添加到任务栏中。

3. 问题解答

（1）在 Windows 10 中，可以通过哪几种途径获得帮助信息？

解答：

①执行“开始”→“帮助和支持”命令。

②按【F1】键获得帮助信息。

③单击对话框右上角的 ? 按钮。

（2）任务栏主要由哪几部分组成？

解答：任务栏位于桌面底部，从左至右主要由 4 部分组成。

①开始按钮：这是运行 Windows 10 应用程序的入口，控制着通往 Windows 10 几乎所有部件的通路。

②快速启动区：用于快速完成一些操作，不同的计算机由于安装的程序可能不同，该区显示的图标可能有所不同。

③空白区域：每运行一个应用程序就会在该区为其设立一个按钮，可以实现多任务的切换。

④通知区：显示了计算机目前正在运行的程序。

（3）在 Windows 10 中包含哪 4 种菜单？

解答：

①开始菜单：几乎包含了 Windows 中所需要的全部命令。

②下拉菜单：Windows 应用程序的各种操作命令，都隐藏在下拉菜单中。

③控制菜单：它是窗口标题栏上左边的按钮，包含窗口的各种基本操作命令。

④快捷菜单：使用鼠标右键单击对象即可打开包含与对象操作相关的常用菜单命令的快捷菜单。

（4）如果无法退出某个应用程序应该如何操作？

解答：在一般情况下，应用程序都有正常关闭或退出命令。但有些时候，当用户运行某一程序时，由于系统繁忙，不能及时响应运行程序的命令，系统处于半死机状态，这时只能通过结束任务的方法来终止正在运行的程序。其操作步骤如下。

①按下【Ctrl+Alt+Delete】组合键，单击“启动任务管理器”，打开“Windows 任务管理器”对话框。

②选择“应用程序”选项卡，在该对话框列出的正在运行的程序中，选中（单击）程序任务名称。

③单击“结束任务”按钮，结束正在运行的该程序。

有时用“任务管理器”也不能终止应用程序，这时就只能重新启动计算机了，但这样做会导致部分数据丢失。

4. 思考题

（1）如何更改桌面图标的大小？如何更改桌面图标？

（2）创建应用程序的快捷方式有哪几种方法？

（3）如何安装和删除中文输入法？若任务栏上没有输入法指示器，应如何启动它？

实验 4　Windows 10 的其他操作

1. 实验目的

（1）掌握 Windows“文件资源管理器”的使用。

（2）掌握文件及文件夹的选定、新建、复制、移动、重命名等基本操作。

（3）掌握“回收站”的功能与基本操作。

（4）熟悉控制面板中系统声音和系统日期/时间等多个项目的查看与设置方法。

2. 实验内容

（1）熟悉 Windows“文件资源管理器”的使用。

①单击“开始”菜单，搜索“文件资源管理器”，打开“文件资源管理器”窗口。

实验 4-1　熟悉 Windows“文件资源管理器”的使用

②在 Windows“文件资源管理器”窗口中熟悉该窗口的构成，按下键盘【Alt】键，窗口界面上会出现菜单栏快捷键，可使用快捷键进行快捷操作。

③单击“查看”选项卡中“布局”组中的选项，选择“大图标”方式查看文件与文件夹。

④根据“查看”选项卡中“窗格”组中的选项，选择打开不同的窗格。

⑤在该窗口的右上角搜索框内，输入在当前磁盘或文件夹内要查找的文件，按回车键，开始搜索相关的文件与文件夹并将其罗列在内容窗格内。

（2）设置或取消下列文件夹的“查看”选项，并观察其中的区别。

①显示所有的文件和文件夹。

②隐藏受保护的操作系统文件。

③隐藏已知文件类型的扩展名。

④在标题栏显示完整路径。

在“文件资源管理器”窗口，单击“查看”选项卡中的“选项”按钮，打开“文件夹选项”对话框，再选择“查看”选项卡，在“高级设置”栏实现各项设置。

（3）在“文件资源管理器”中进行文件与文件夹的操作。

①在 D 盘上新建一个文件夹，并将其命名为 MYPHOTO。

②打开 MYPHOTO 文件夹，在其中新建一个名为 MYSUB 的子文件夹。

实验 4-2　在“文件资源管理器”中对文件和文件夹进行操作

③选择 MYPHOTO 文件夹，在其中新建一个名为 myfile 的 TXT 格式的文本文件。

④将 myfile 文件移动至 MYSUB 子文件夹中。

⑤将 myfile 文件重命名为 myren。

用鼠标右键单击 myfile 文本文件的文件名，在弹出的快捷菜单中选择“重命名”命令，输入 myren。

⑥选择 C 盘 Windows 文件夹中的最小的 4 个文件复制到 MYSUB 文件夹。

⑦将 myren 文本文件的打开方式更改为“写字板”程序，并在桌面上创建快捷方式，然后更改其快捷方式的图标。具体操作步骤如下。

- 在 myren 文本文件上右击，在弹出快捷菜单中选择“打开方式”→“写字板”命令，将文件保存。再次用鼠标右键单击文件名，在弹出的快捷菜单中选择“发送到”→“桌面快捷方式”，如图 4-1 所示。
- 右击桌面上该文件的快捷方式图标，选择“属性”命令，打开属性对话框，选择“快捷方式”选项卡，如图 4-2 所示，单击“更改图标”按钮，打开图 4-3 所示的对话框，在该对话框中选择合适的图标后单击“确定”按钮。

⑧查看 myren 文本文件的属性，并修改为“只读”属性。

用鼠标右键单击 myren 文本文件，在弹出的快捷菜单中选择“属性”命令，在属性对话框中选择“常规”选项卡，再选中“只读”复选框，单击“确定”按钮, 如图 4-4 所示。

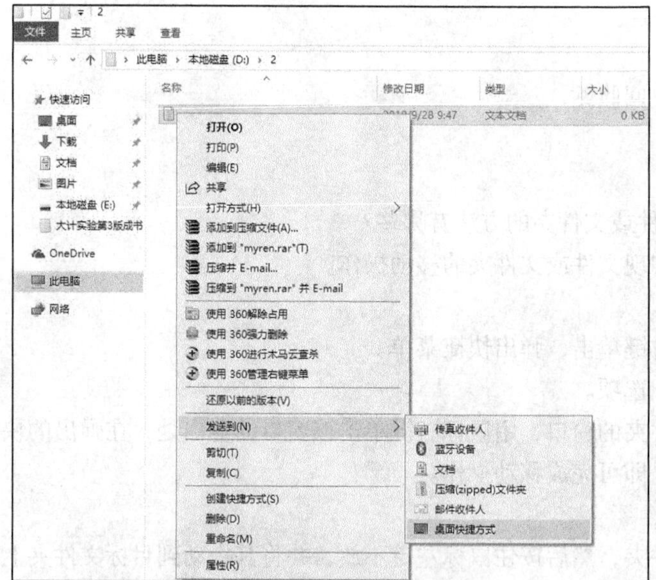

图 4-1　创建桌面快捷方式

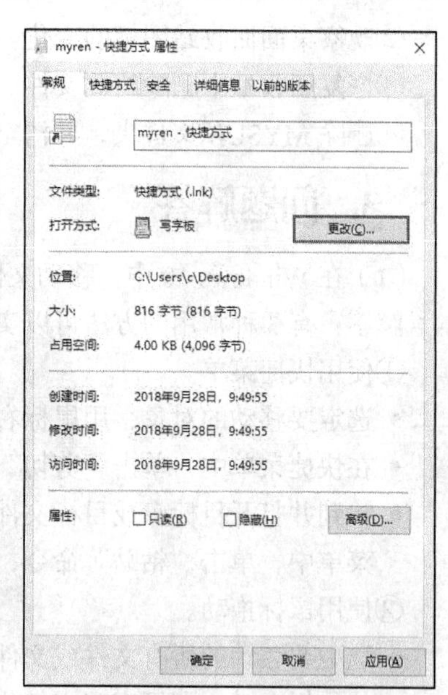

图 4-2　快捷方式属性对话框

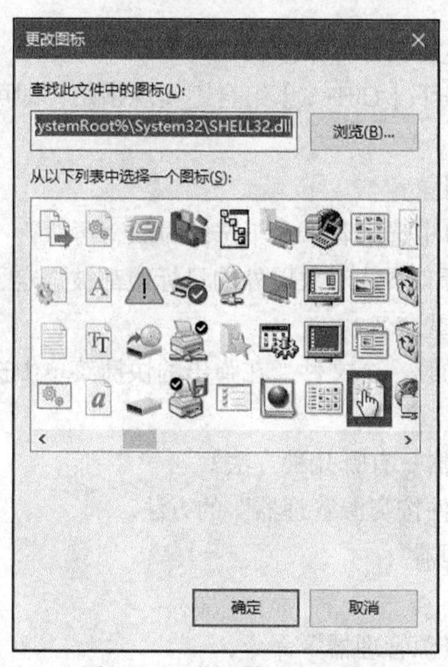

图 4-3　“更改图标”对话框

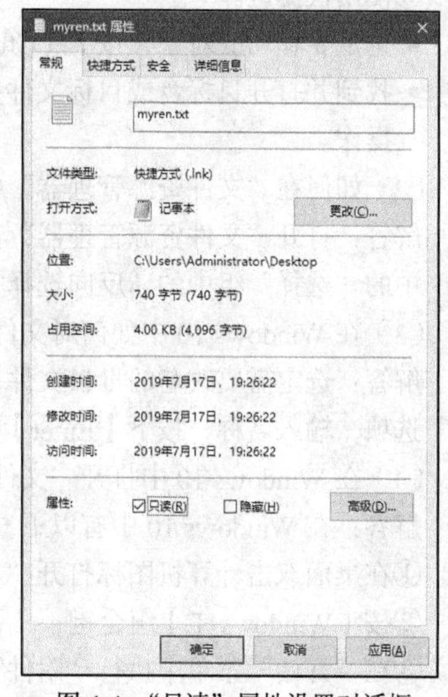

图 4-4　“只读”属性设置对话框

⑨将 myren 文本文件用鼠标分别拖动到 E 盘、D 盘符根目录下，观察这两次拖动有什么不同。

如果想要把一个对象复制到同一分区，则应在拖动文件或文件夹的同时按住【Ctrl】键；如果想要把一个对象移动到另一分区，则应在拖动文件或文件夹的同时按住【Shift】键。

（4）修改系统的日期和时间。

单击任务栏通知区中的“时钟”，在显示的窗格中单击“更改日期和时间设置”（或直接双击“控制面板”窗口的“日期和时间”图标），打开“日期和时间”对话框，在该对话框单击“更改日期和时间”按钮，在弹出的“日期和时间设置”对话框中修改时间与日期。

（5）回收站的使用。

①将 MYSUB 文件夹中的一个文件删除。

②观察桌面回收站图标的变化。

③恢复回收站中删除的此文件。

④删除 MYSUB 文件夹，并清空回收站。

3. 问题解答

（1）在 Windows 10 中，移动文件或文件夹的方法有哪些？

解答：有 3 种常用的方法可以实现文件或文件夹的移动操作。

①使用快捷菜单。

- 选定要移动的对象，用鼠标右键单击，弹出快捷菜单。
- 在快捷菜单中，单击“剪切”选项。
- 找到并打开目标盘或目标文件夹的窗口，用鼠标右键单击该窗口的空白处，在弹出的快捷菜单中，单击“粘贴”命令，即可完成移动操作。

②使用鼠标拖动。

- 选中要移动的所有文件或文件夹，然后按住鼠标左键不放，并将其拖动到目标文件夹上释放鼠标左键，即可实现文件或文件夹的移动。

③使用快捷键。

- 选定要移动的对象，按下【Ctrl+X】组合键实现剪切操作。
- 找到并打开目标盘或目标文件夹的窗口，按下【Ctrl+V】组合键实现粘贴，即可完成移动操作。

（2）如何在“文件资源管理器”中反向选择对象？

解答：打开“文件资源管理器”窗口，在窗口中选定若干个不选的对象，再执行“主页”选项卡中的“选择”组中的“反向选择”命令，则所有不选对象以外的目标便都被选定了。

（3）在 Windows 10 中如何对文件进行批量的重命名？

解答：选定需要改名的批量文件，右击其中的第一个文件，在弹出的快捷菜单中选择“重命名”选项，输入名称，按下【Enter】键。

（4）在 Windows 10 中打开“文件按资源管理器”有哪几种方法？

解答：在 Windows 10 中有以下 5 种打开“文件按资源管理器”的方法。

①在桌面双击计算机图标打开“文件资源管理器”；

②按【Windows+E】组合键；

③在“开始”菜单中执行“附件”→“文件资源管理器”命令；

④单击“开始”菜单右边的“文件资源管理器”图标；

⑤用鼠标右键单击“开始”按钮，在弹出菜单中单击“文件资源管理器（E）”选项。

4. 思考题

（1）复制文件与文件夹的方法有多种，请列举其中的几种。

（2）如果误删了闪存盘上的文件或文件夹，是否也能恢复？为什么？

（3）如何为回收站独立配置驱动器？

（4）如何将要删除文件彻底删除，且不经过回收站？

（5）如何取消屏幕保护的密码？

实验 5　上网操作

1. 实验目的

（1）熟练掌握设置 IE 浏览器的方法。

（2）掌握使用 IE 浏览网页、保存网页和页面上图片的方法。

（3）掌握收藏夹的使用方法。

（4）掌握电子邮件的收发方法。

2. 实验内容

浏览器是使用最广泛的软件之一。目前，市场上几大主流浏览器有 IE、Firefox、Chrome、Safari、Opera。

Internet Explorer（IE）是微软公司旗下的浏览器，Windows 系统自带的浏览器；Chrome 浏览器是 Google 公司旗下的浏览器，追求简洁、快速、安全，速度非常快；Firefox 浏览器简称 FF 浏览器，是 Mozilla 基金会旗下的浏览器，是深受程序员喜爱的一款浏览器，具有很多其他浏览器没有的插件，非常适合用来进行程序调试；Opera 浏览器是跨平台浏览器，可以在 Windows、Mac 和 Linux 3 个操作系统平台上运行；Safari 浏览器是苹果公司旗下的浏览器，是 Mac OS 操作系统中的浏览器，目前已停止对 Windows 系统的支持。这些主流浏览器都有着各自的特点和优势，大家可以根据自身的需求选择使用。

下面以 IE 浏览器为例，介绍浏览器的常用设置。

（1）设置 IE 浏览器。

①可使用两种方法打开“Internet 属性”对话框。

• 用鼠标右键单击桌面上的“Internet Explorer”图标，选择“属性”选项。

• 在 IE 浏览器窗口选择“工具”菜单的“Internet 选项”选项，打开该对话框。

②设置常规选项：设置主页为中国教育和科研计算机网主页；单击“删除 Internet 临时文件”按钮；设置“保存历史记录天数”为 10 天。

③设置内容选项，为不同站点设定不同的访问权限。

④设置高级选项：禁止调试脚本，启用个性化收藏夹菜单，关闭浏览器时清空 Internet 临时文件夹，不显示每个脚本错误的通知，在地址栏中显示“转到”按钮，在桌面上显示 Internet Explorer 图标。

（2）使用 IE 浏览网页。

①至少使用 3 种方法建立与 Internet 的连接。

②观察 IE 浏览器界面，注意它由哪几部分组成。

③在地址栏中输入 http://www.moe.gov.cn/（中华人民共和国教育部网站主页）后按回车键。

④将此主页添加到“链接栏”中，改变“链接栏”的链接次序。

⑤单击某超链接，观察地址栏的变化。

⑥单击标准工具栏上的“前进”按钮 ➡ 和“后退”按钮 ⬅，在访问过的页面之间进行跳转。

⑦中断与 Internet 的连接，使用脱机浏览方式浏览网页。

⑧查看历史记录，单击列表中的网址可以访问相应的网页。

（3）搜索网页。

①选择“文件”菜单的“新建”子菜单中的“窗口”命令，在新窗口的地址栏中输入 http://www.baidu.com，打开百度搜索引擎。

②在“搜索”栏中输入查找内容，如“大学生在线”，在搜索结果中选择“教育部大学生在线”的官方网站进行浏览。

③从地址栏中搜索“大学生在线”的内容，在搜索结果中选择“教育部大学生在线”的官方网站进行浏览。

④使用工具栏中的“搜索”按钮搜索“大学生在线”的内容，在搜索结果中选择“教育部大学生在线”的官方网站进行浏览。

⑤观察使用上述 3 种方式的异同。

（4）保存 Web 信息。

①保存网页。将“中华人民共和国教育部网站”主页保存到“我的文档”中，文件名为“中华人民共和国教育部”，保存类型为“Web 页，全部（*.htm;*.html）”，编码为“简体中文（GB2312）”。

提示

注意保存类型的区别，练习多种保存方式。

②保存图片。选择一幅图片，保存到“D:\”中，文件名为“我的图片”，保存类型为“GIF（*.GIF）”，并将该图片设置为桌面壁纸。

③打印“中华人民共和国教育部网站”主页。

（5）管理收藏夹。

①将“教育部大学生在线”的官方网站添加到收藏夹，并在收藏夹中将它打开。

②整理收藏夹。在收藏夹中创建一个新文件夹“大学生”，将“教育部大学生在线”移至该文件夹。将“教育部大学生在线”文件重命名为“大学生在线”，观察“收藏夹”的文件变化情况。然后删除“大学生”文件夹，再观察“收藏夹”中的文件变化情况。

（6）申请免费邮箱。

①在网易邮箱官网上申请一个免费的电子邮箱。

②进入该电子邮箱，写一封邮件，并发送给好友。

③以附件的形式发送电子邮件。

④进入邮箱“设置”，对邮箱进行“文件夹管理”“自动回复”等项目的设置。

实验 5　163 邮箱的使用

提示

在邮箱上方选择“设置”→“邮箱设置”，进入图 5-1 所示的界面。在该界面中，可以进行“常规设置”“文件夹管理”“标签管理”“自动回复”“自动转发”“来信分类”等常用设置。

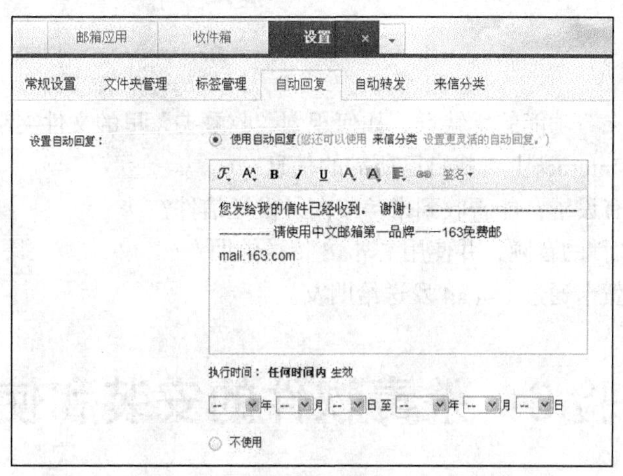

图 5-1　邮箱的设置

⑤深刻理解电子邮件的两个主要协议 SMTP 和 POP3。

POP3 是 Post Office Protocol 3 的简称，即邮局协议的第 3 个版本，它是规定如何将个人计算机连接到 Internet 的邮件服务器和下载电子邮件的电子协议。

SMTP 的全称是“Simple Mail Transfer Protocol”，即简单邮件传输协议。它是一组用于从源地址到目的地址传输邮件的规范，我们可通过它来控制邮件的中转方式，它能够帮助每台计算机在发送或中转信件时找到下一个目的地。SMTP 认证就是要求用户必须在提供了账户名和密码之后才可以登录 SMTP 服务器，这就使垃圾邮件的散播者无可乘之机。

3. 问题解答

（1）如何理解 Internet 的工作方式和工作原理？

解答：

①工作方式：采用客户机/服务器方式访问 Web 资源，提供 Web 资源的计算机称为服务器，使用资源的计算机称为客户机。

②工作原理：使用 Internet 时，先启动客户机，通过有关命令告知服务器进行连接来完成某种操作，而服务器则按照该请求提供相应的服务。Internet 的工作原理如图 5-2 所示。

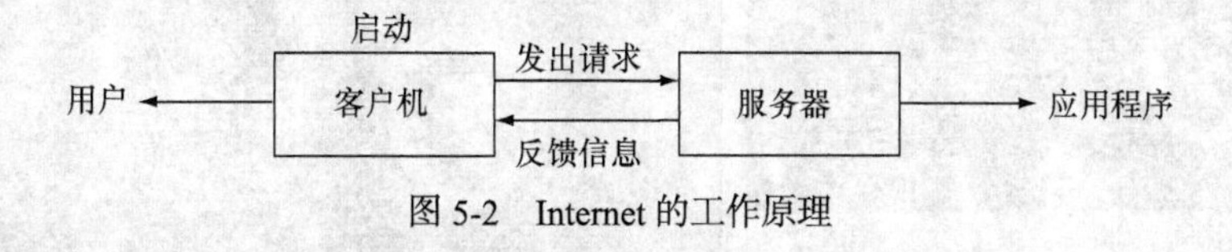

图 5-2　Internet 的工作原理

（2）如何将自己喜爱的网站添加到收藏夹中？

解答：打开该网站，选择“收藏”菜单中的“添加到收藏夹”选项，在打开的对话框中单击“创建到”按钮，勾选 “允许脱机使用”复选框，输入名称和添加地址，单击“确定”按钮，即可将页面保存在收藏夹中。

（3）在发送邮件时，如何同时发送至多人？

解答：在“抄送栏”中输入这些人的 E-mail 地址，并用逗号分隔。

4. 思考题

（1）试述“收藏夹”功能的优缺点，如何规划“收藏夹”里的文件夹结构布置?

（2）用户如何在 Internet 上查找自己所需的信息?

（3）邮箱如果没有设置，能否收到来信或向外发送信件?

（4）录制一段 15 秒的音频，并使用 E-mail 传送给朋友。

（5）试着将一张贺卡通过 E-mail 发送给朋友。

实验 6 杀毒软件的安装和使用

1. 实验目的

（1）认识计算机病毒的特征。

（2）了解计算机病毒的传播途径。

（3）掌握一种杀毒软件的安装及使用方法。

2. 实验内容

（1）认识计算机病毒特征及传播途径。

打开 IE 浏览器，输入一些常用的杀毒软件的网址，了解流行的计算机病毒及其特征。

（2）安装杀毒软件（以 360 杀毒软件为例）。

①首先通过 360 杀毒软件官方网站下载最新版本的 360 杀毒软件安装程序。

②双击运行下载好的安装包，弹出 360 杀毒软件安装向导，如图 6-1 所示。在这一步可以选择安装路径，建议按照默认设置即可。

③单击“下一步”按钮，进入安装界面，如图 6-2 所示。

④如果计算机中没有安装 360 安全卫士，则会弹出推荐安装 360 安全卫士的窗口，如图 6-3 所示。同时安装 360 安全卫士可以获得更全面的保护。

⑤安装完成之后就可以看到图 6-4 所示的界面。

图 6-1　360 杀毒软件安装向导

图 6-2　安装 360 杀毒软件

图 6-3　安装 360 安全卫士

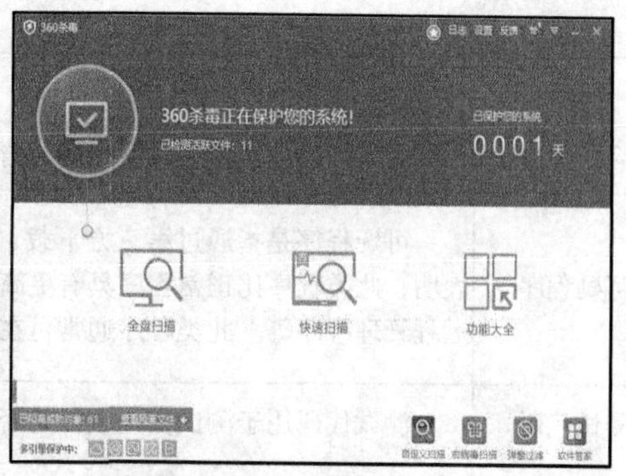

图 6-4　安装完成

（3）360 杀毒软件的使用。

实验 6　360 杀毒软件的使用

360 杀毒软件提供了 4 种病毒扫描方式，还具有“电脑门诊”功能。

- 快速扫描：扫描 Windows 系统目录及 Program Files 目录。
- 全盘扫描：扫描所有磁盘。
- 指定扫描：扫描指定的目录。
- 右键扫描：在文件或文件夹上单击鼠标右键时，可以选择“使用 360 杀毒扫描”对选中的文件或文件夹进行扫描。
- 电脑门诊：帮助解决在使用计算机时经常遇到的问题。

试完成以下操作。

①用快速扫描方式对计算机进行病毒查杀。

②用指定扫描方式对 C 盘进行病毒查杀。

（4）360 杀毒扫描完成后显示的恶意软件名称及其含义。

表 6-1　恶意软件说明

名称	说明
病毒程序	病毒程序是指通过复制自身感染其他正常文件的恶意程序，被感染的文件可以通过清除病毒恢复正常，但也有部分被感染的文件无法清除，此时建议删除该文件，重新安装应用程序
木马程序	木马程序是一种伪装成正常文件的恶意软件，通常通过隐蔽的手段获得运行权限，然后窃取用户的隐私信息，或进行其他恶意行为
盗号木马	盗号木马是一种以盗取在线游戏、银行、信用卡等账号为主要目的的木马程序
Office 宏病毒	Office 宏病毒是一种隐藏在微软 Office 文档或模板的宏中的计算机病毒。一旦打开这样的文档，其中的宏就会被执行，于是宏病毒就会被激活，并驻留在 Normal 模板上。从此以后，所有自动保存的文档都会感染上这种宏病毒，而且如果在其他计算机上打开了感染病毒的文档，宏病毒又会转移到别的计算机上。360 杀毒软件 3.0 版本推出的“病毒免疫”功能，可以防止宏病毒感染计算机上的文档
广告软件	广告软件通常通过弹窗或打开浏览器页面向用户显示广告，此外，它还会监测用户的广告浏览行为，从而弹出“更相关”的广告。广告软件通常捆绑在某些免费软件中，若用户不注意，就会很容易地在安装免费软件时一起安装
蠕虫病毒	蠕虫病毒是指通过网络将自身复制到网络中其他计算机上的恶意程序，有别于普通病毒，蠕虫病毒通常不会感染计算机上的其他程序，而是窃取其他计算机上的机密信息

续表

名称	说明
后门程序	后门程序是指在用户不知情的情况下远程连接用户计算机，并获取操作权限的程序
可疑程序	可疑程序是指通过第三方下载、安装的具有潜在风险的程序。虽然程序本身无害，但是经验表明，此类程序比正常程序具有更高的可能性被用作恶意目的，常见的有HTTP及SOCKS代理、远程管理程序等。此类程序通常可在用户不知情的情况下安装，并且在安装后会完全对用户隐藏
测试代码	测试代码用于测试安全软件是否正常工作，本身无害
恶意程序	其他不宜归类为以上类别的恶意软件，则会被归类到“恶意程序”类别

（5）对病毒进行处理。

360杀毒软件扫描到病毒后，会首先尝试清除文件所感染的病毒，如果无法清除，则会提示删除感染病毒的文件。由于木马程序并不采用感染其他文件的方式，其自身即为恶意软件，因此会被直接删除。

在处理过程中，会存在某些被感染文件无法被处理的情况，可参见下面的说明采用其他方法处理这些文件。

清除失败（压缩文件）：使用针对该类型压缩文档的相关软件将压缩文档解压到一个目录下，然后使用360杀毒软件对该目录下的文件进行扫描及病毒清除，完成后使用相关软件重新压缩成一个压缩文档。

清除失败（密码保护）：对于有密码保护的文件，360杀毒软件无法将其打开进行病毒清理，要先去除文件的保护密码，然后使用360杀毒软件对其进行扫描及病毒清除。

清除失败（正被使用）：文件正在被其他应用程序使用，360杀毒软件无法清除其中的病毒，要先退出使用该文件的应用程序，然后使用360杀毒软件重新对其进行扫描及病毒清除。

备份失败（文件太大）：由于文件太大，超出了文件恢复区的大小，文件无法被备份到文件恢复区，要先删除系统盘上的无用程序和数据，增加磁盘可用空间，然后再次尝试扫描与清除病毒。

（6）360杀毒软件的升级。

360杀毒软件具有自动升级和手动升级功能，如果开启了自动升级功能，则360杀毒软件会在有升级可用时自动下载并安装升级文件，自动升级完成后，就会通过气泡窗口提示；如果想手动进行升级，则可以在360杀毒软件主界面底部单击“检查更新”按钮，此时升级程序会连接服务器检查是否有可用的更新，如果有就会下载并安装升级文件。

（7）卸载360杀毒软件。

第一步：在Windows的开始菜单中，依次选择“开始”→“程序”→“360安全中心”→“360杀毒”选项，再单击“卸载360杀毒”菜单项。

第二步：在弹出的“卸载确认”对话框中，如果勾选“保留系统关键设置备份”和“保留隔离的隔离文件”复选框，则可以在重装360杀毒软件后恢复被删除的文件。

第三步：卸载完成，提示重启系统。

3. 问题解答

（1）使用杀毒软件前，需要备份带病毒的数据文件吗？

解答：对重要的文件应该先备份，再杀毒。

（2）杀毒完毕后，重启计算机后发现仍有病毒，怎么回事？

解答：如果是局域网中的计算机，不排除网络传播病毒的可能性。另外，在使用杀毒软件进行杀毒前，请先关闭其他应用程序，以免交叉感染。

（3）U 盘隐藏病毒如何处理？

解答：病毒（如木马）将 U 盘或移动硬盘中的正常文件或文件夹隐藏，然后将自己改名为和被隐藏的文件/文件夹同名，并隐藏自己的文件扩展名。同时，病毒会将自己的图标改为文件夹图标或常见软件图标（如图片、视频等）。若用户未察觉，双击了病毒文件后，病毒程序就会被执行并感染计算机。

在处理该病毒时，在 Windows 文件资源管理器中，选择“工具→文件夹选项→查看”选项，在对话框中选中“显示隐藏的文件和文件夹”复选框，并取消选中“隐藏已知文件类型的扩展名”，就可看到移动硬盘或 U 盘中的所有文件，删除那些与自己的文件同名的程序文件即可（其文件扩展名一般为.exe、.com、.bat 等）。

4. 思考题

（1）目前流行的杀毒软件有哪些？

（2）预防计算机病毒主要有哪些措施？

实验 7　常用多媒体制作工具的使用

1. 实验目的

（1）了解什么是多媒体和数字媒体。

（2）掌握哪些文件属于多媒体文件。

（3）了解常见多媒体文件的特点。

2. 实验内容

实验 7-1　制作免冠照片

（1）使用 Photoshop 软件制作规定大小的免冠照片，照片要求如下。

①567（高）×390（宽）像素，分辨率为 300dpi，图像尺寸为 48 毫米（高）×33 毫米（宽）。

②颜色模式：24 位 RGB 真彩色。

③图像文件大小在 50KB 以内，图像的格式为 JPG。

制作步骤如下。

①使用 Photoshop 打开照片。

②使用裁切工具，在图像中绘制出一个矩形裁切框，框内是裁切后保留的区域，可以拖动裁切框四周的小方块对裁切框进行变换，变换完成后按下回车键或在裁切框内双击即可完成裁切。

若要放弃裁切，则只需按【ESC】键即可。

③单击“图像”菜单下的“图像大小”命令，按照要求对图像大小进行变换，如图 7-1 所示，因为此步骤中要求“等比例变化”，故只对“宽度”和“高度”中其中一个值进行修改（思考一下，应该修改哪一个？）。修改完成后单击“确定”按钮即可。

④单击“图像”菜单下的“画布大小”选项，按照要求对画布大小进行变换，如图 7-2 所示，修改完成后单击“确定”按钮（思考一下，为什么要先确定“图像大小”，然后再确定“画布大小”）。

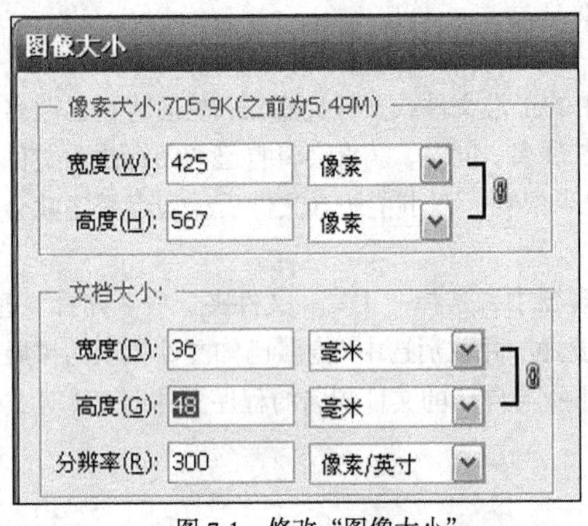

图 7-1　修改“图像大小”

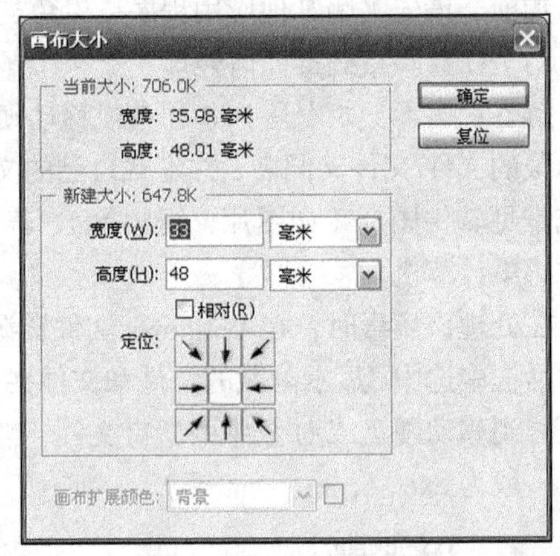

图 7-2　修改“画布大小”

⑤单击“图像”菜单下的“模式”命令，从子命令中选择“RGB 模式”和“8 位/模式”，如图 7-3 所示，以满足图像要求中的“24 位 RGB 真彩色”这一条目。

⑥单击“文件”菜单下的“存储为”命令，打开“另存为”对话框。将该图像保存为扩展名为.jpg 的 JPEG 格式。

⑦单击“保存”按钮，在弹出的“JPEG 选项”对话框中调整图像的品质，同时观察对话框右侧显示的文件大小是否满足图像要求中的“50KB 以内”的条目，如图 7-4 所示。

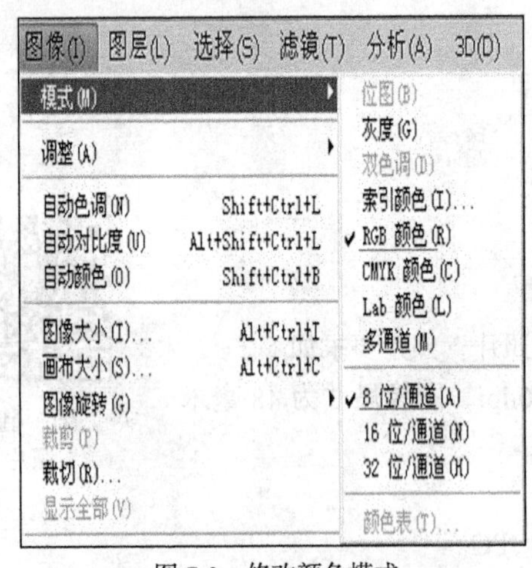

图 7-3　修改颜色模式

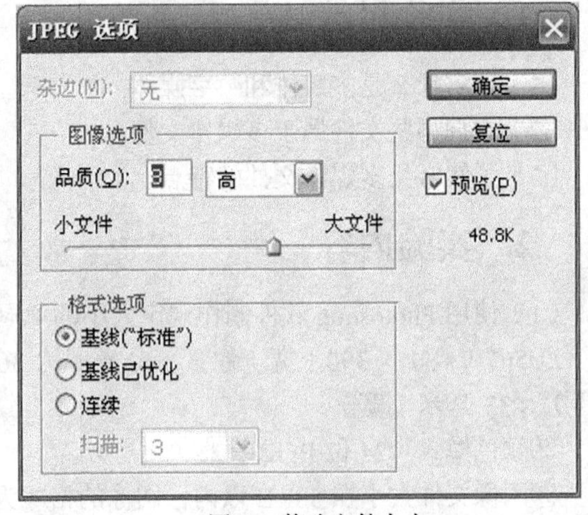

图 7-4 修改文件大小

（2）使用 Photoshop 软件合成图像。

①新建文件。大小：800×600 像素，名称：森林别墅，背景内容：透明。设置前景色为绿色，

按【Alt+Delete】组合键进行填充后，再将该图层重命名为“背景”。

实验 7-2　制作森林别墅

②打开名为“森林”的图片，使用移动工具将其拖动到“森林别墅”图像文件中，并将其所在图层重命名为“森林”。

③执行“编辑”→“自由旋转”命令，调整“森林”图层大小，并将其调整到图 7-5 所示的位置。

④在图层面板中，双击“森林”图层，打开“图层样式”对话框。选中“内阴影”复选框，并设置图 7-6 所示的参数，完成后单击“确定”按钮。

图 7-5　变换大小

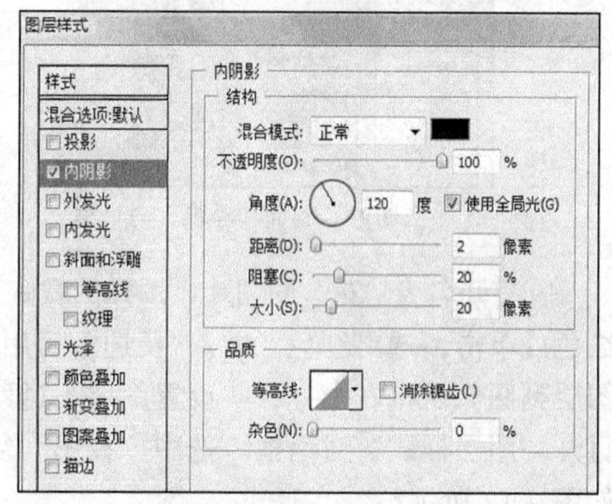

图 7-6　添加“内阴影”

⑤打开“别墅”图片，使用移动工具将其拖到“森林别墅”图像文件中，并将其所在图层重命名为“别墅”。按【Ctrl+T】组合键，调整“别墅”图层大小。选择椭圆选框工具羽化 50，选出图中的别墅部分，“反选”然后“清除”选区以外的内容，效果如图 7-7 所示（注：图层前面的“眼睛”图标可控制该图层是否隐藏。在选取别墅时可隐藏“森林”图层。）。将“别墅”图层重新显示后，最终的效果如图 7-8 所示。

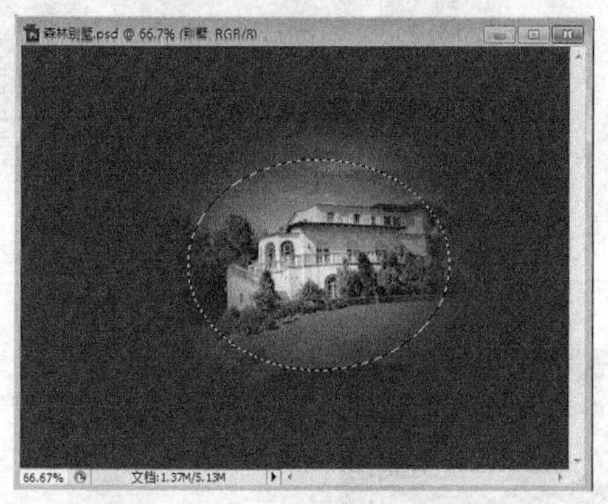

图 7-7　羽化“别墅”

图 7-8　羽化后的效果

⑥在“别墅”图层上新建一个图层，并重命名为“边框”。选择矩形选框工具，在“边框”图层中绘制比“森林”稍大的矩形边框。

⑦单击“从选区中减去”在矩形选区内再绘制矩形框。

⑧为选区填充白色后取消选区（按组合键【Ctrl+D】），并在图层控制面板中双击“边框”图层。在打开的“图层样式”对话框中选中“斜面和浮雕”复选框，并按照图 7-9 所示设置参数，

完成后单击“确定”按钮。效果如图 7-10 所示。

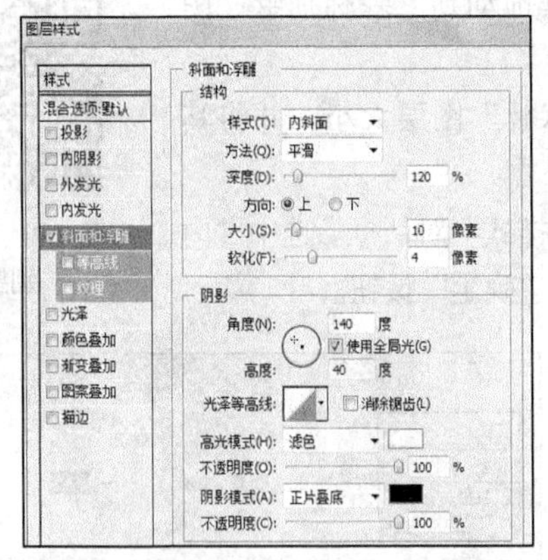

图 7-9 “斜面和浮雕”对话框

图 7-10 “边框”

⑨打开名为“花”的图片，选择“魔棒工具”，设置容差为 20，不连续。用魔棒工具在图片红色处单击，选出红色区域。“反选”后用移动工具将花移动至森林别墅文件中。调整“花”图层到图像窗口右上方，并设置图层不透明度为 90%。在图层控制面板中双击“花”图层，打开“图层样式”对话框。选中“投影”复选框，并按照图 7-11 所示设置参数。完成后效果如图 7-12 所示。

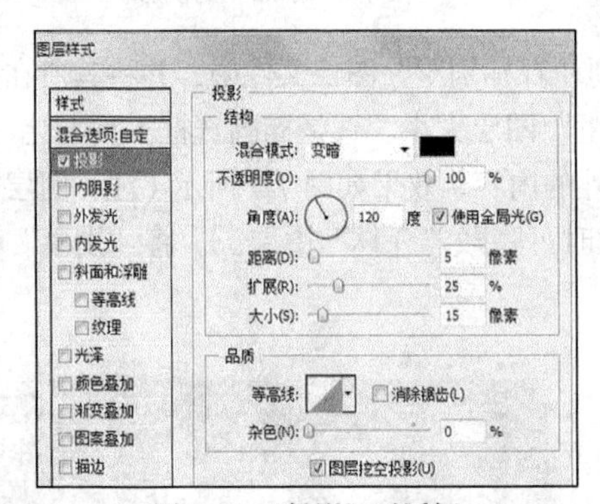

图 7-11 “投影”对话框

图 7-12 加入“花”后的别墅

⑩设置字体为华文细黑、字号为 48、颜色为白色，在图像窗口左侧输入文本，输入后按组合键【Ctrl+Enter】进行确定，最终效果如图 7-13 所示。

图 7-13 最终效果

（3）使用“录音机”程序录制一段解说词。

①正确连接话筒。

②在“开始”菜单中搜索并启动“录音机”，如图 7-14 所示。

图 7-14　“录音机”界面

③按“开始录制”按钮，开始录音。

④按“停止录制”按钮，结束录音。

⑤在“另存为”对话框中，输入文件名“解说词”，然后按“确定”按钮即可。

（4）使用爱剪辑软件编辑视频。

①添加及截取视频片段。

实验 7-3　爱剪辑软件的使用

- 在软件主界面顶部单击“视频”选项卡，在视频列表下方单击“添加视频”按钮，在弹出的文件选择框中添加视频片段。
- 添加视频进入“预览/截取”对话框后，在图 7-15 所示的对话框中截取视频片段。如果不需要截取视频片段，则可以直接单击“确定”按钮，将视频导入爱剪辑软件。

②添加音频。

添加视频后，在“音频”面板单击“添加音频”按钮，在弹出的图 7-16 所示的下拉选项框中，根据自己的需要选择“添加音效”或“添加背景音乐”，即可快速为要剪辑的视频配上背景音乐或相得益彰的音效。

图 7-15　截取视频片段

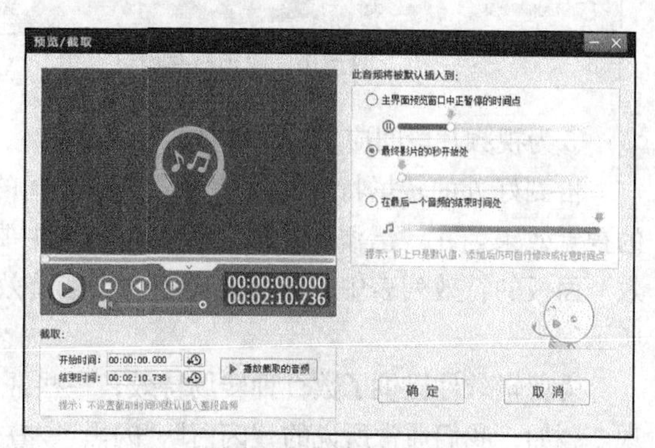

图 7-16　截取音频片段

③为视频添加字幕特效。

在剪辑视频时，我们可能需要为视频加字幕，使剪辑的视频表达情感或叙事更直接。爱剪辑软件除了提供功能齐全的常见字幕特效外，还提供了沙砾飞舞、火焰喷射、缤纷秋叶、水珠撞击、气泡飘过、墨迹扩散、风中音符等大量独具特色的好莱坞高级特效类。我们可通过“特效参数”栏目的个性化设置，实现更多特色字幕特效。

在“字幕特效”面板右上角视频预览框中，将时间进度条定位到要添加字幕的时间点，如图 7-17 所示，双击视频预览框，在弹出的图 7-18 所示的对话框中输入字幕内容，然后在左侧字幕特效列表中，应用喜欢的字幕特效即可。

图 7-17　为视频加字幕

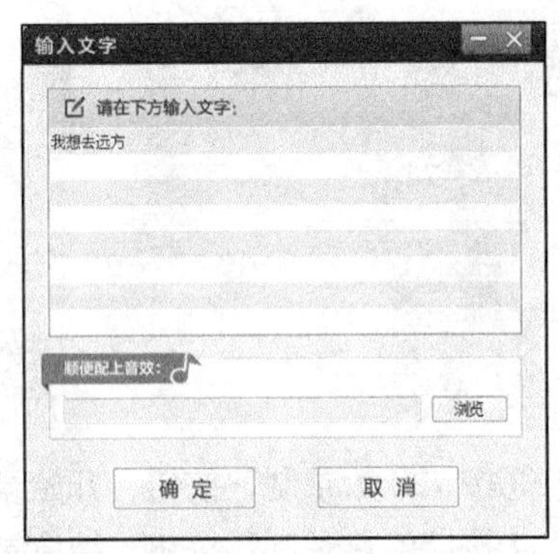

图 7-18　输入字幕内容

④为视频叠加相框、贴图或去水印。

爱剪辑的“叠加素材”功能分为 3 栏：“加贴图”“加相框”和“去水印”，如图 7-19 与图 7-20 所示。

图 7-19　应用精美相框

图 7-20　应用趣味贴图

⑤为视频片段间应用转场特效。

恰到好处的转场特效能够使不同场景之间的视频片段过渡得更加自然，并能实现一些特殊的视觉效果。在“已添加片段”列表中，选中要应用转场特效的视频片段缩略图，在“转场特效”面板的特效列表中，选中要应用的转场特效，然后单击“应用/修改”按钮即可，如图 7-21 所示。

爱剪辑软件提供了数百种转场特效，一些常见的视频剪辑效果，在爱剪辑中一键应用即可实现。譬如，我们通常所说的“闪白”“闪黑”“叠化”，对应在爱剪辑软件的转场特效列表中则为：“变亮式淡入淡出”“变暗式淡入淡出”“透明式淡入淡出”，只需一键应用，即可实现这些常见的效果。

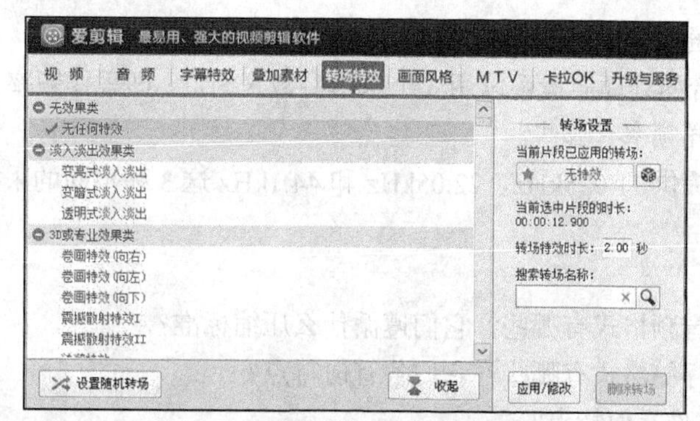

图 7-21 在视频片段间应用转场特效

⑥通过画面风格令制作的视频具有与众不同的视觉效果。

爱剪辑软件提供的画面风格包括“画面调整”“位置调整”“炫光特效”“梦幻场景风格”“画面色调”“常用效果”“新奇创意效果”“镜头视觉效果”“仿真艺术之妙”“包罗万象的画风”等。巧妙地应用画面风格，能够使我们的视频更具美感、个性化以及具有独特的视觉效果。

在“画面风格”面板的画面风格列表，选中需要应用的画面风格，在画面风格列表左下方单击“添加风格效果”按钮，在弹出的对话框中选择“为当前片段添加风格”（选择此项时，请确保已在底部“已添加片段”列表选中要为其应用画面风格的视频片段缩略图）或“指定时间段添加风格”选项即可。

⑦为剪辑的视频添加 MTV 字幕或卡拉 OK 字幕。

如果剪辑的是一个 MV 视频，那么我们还需要为视频添加 MTV 字幕或卡拉 OK 字幕。这在爱剪辑软件中非常简单，只需一键导入音乐匹配的 LRC 歌词文件或 KSC 歌词文件即可。

⑧保存所有的设置。

在剪辑视频过程中，我们可能需要中途停止，下次再进行视频剪辑，或以后对视频剪辑设置进行修改。此时我们只需在视频预览框左下角单击“保存所有设置”的保存按钮，将我们的所有设置保存为后缀名为.mep 的工程文件，下次通过“保存所有设置”按钮旁的“打开已有制作”的打开按钮，加载保存好的.mep 文件，即可继续视频剪辑，或在此基础上修改视频剪辑设置。

⑨导出剪辑好的视频。

视频剪辑完毕后，单击视频预览框右下角的“导出视频”按钮即可。

3. 问题解答

（1）在搜索多媒体文件时，“要搜索的文件或文件夹名为”文本框中可输入哪些文件名？

解答：在计算机上进行多媒体文件的搜索时，搜索到的是同一类型的多媒体信息，因而要输入的是文件名为“*”代表的通配符，扩展名为一类型文件的扩展名，例如，.docx、.txt、.rtf、.wps 等为文本文件的扩展名；.wav、.mid、.mp3、.wma 等为声音文件的扩展名；.wmf、.ai 等为图形文件的扩展名；.bmp、.jpg、.gif、.tif 等为图像文件的扩展名；.swf、.fla、.avi 等为动画文件的扩展名。

（2）矢量图与位图能否互相转换？如何转换？

解答：矢量图与位图之间的相互转换可通过光栅化技术和跟踪技术实现。可采用光栅化技术将矢量图转换成位图，这种方法比较容易实现；可采用跟踪技术将位图转换成矢量图，这种方法实现起来比较困难。

（3）声卡对声音的处理质量用哪些基本参数来衡量?

解答：声卡对声音的处理质量可以用 3 个基本参数来衡量，即采样频率、采样位数和声道数。

（4）声卡常用采样频率有哪些?

解答：声卡一般提供 11.025kHz、22.05kHz 和 44.1kHz 这 3 种不同的采样频率。

4. 思考题

（1）目前流行的音频格式有哪些？它们遵循什么压缩标准?

（2）常用的图像存储格式有哪些？它们各有何特点?

（3）MIDI 音频文件有何特点?

实验 8　常用工具软件的使用

1. 实验目的

（1）学会综合运用多种工具软件制作多媒体电子相册。

（2）熟悉常用相关工具软件的使用方法。

2. 实验内容

（1）在网上下载、安装最新版本的 WinRAR 软件并完成以下操作。

①将硬盘的某个文件夹进行压缩，并查看压缩前后的文件所占用的磁盘空间，求出压缩比。

②将某个文件或文件夹压缩成需要密码才能解密的加密压缩包，然后再进行解压。

③将某个文件或文件夹压缩成自解压包，然后再解压。

④对某个较大的文件进行多卷压缩。

⑤在网上下载某个 JPG 格式的图片，并对其进行压缩，然后查看压缩前后的文件所占用的磁盘空间，求出压缩比并分析压缩比比较低的原因。

实验 8-1　360 安全卫士

（2）从 360 安全卫士的官方网站下载并安装最新版本 360 安全卫士，重点了解以下信息并完成以下操作。

①对自己所用的计算机进行病毒查杀体检，对发现的问题根据 360 安全卫士提出的建议解决。

②了解木马、木马云查杀的有关概念，使用 360 安全卫士的木马云查杀功能检查自己所用的计算机中是否存在木马程序。

③扫描自己所用的计算机中安装了哪些插件，卸载其中的评分低的插件。

④扫描自己所用的计算机中存在哪些系统漏洞并进行修复。

⑤了解当前系统中启动服务和运行进程的状态。

⑥熟悉 360 安全卫士的实时保护功能。

⑦熟悉 360 软件管家的主要功能和使用方法。

实验 8-2　下载 Adobe Reader

（3）打开学校图书馆 CNKI 镜像站点，搜索一篇与自己同名（没有同名的可以查找同姓）的作者的文章，分别下载其“PDF”和“CAJ”格式的电子文档。

（4）使用 360 软件管家，在搜索栏里输入："Adobe Reader"，从搜索结果中下载并安装"Adobe Reader "。安装完成后用 Adobe Reader 打开步骤（3）中下载的 PDF 文档，并熟悉 Adobe Reader 各个菜单项的操作。使用"视图"菜单的"朗读"功能朗读文档。

（5）打开 CNKI 网站，下载 CAJViewer 阅读器并安装。使用 CAJViewer 打开步骤（3）中下载的两个文档。比较 Adobe Reader 和 CAJViewer，体会其各自的特色。使用 CAJViewer 阅读器的"文字识别"功能对前面下载文档的摘要部分进行文字识别。

（6）使用 360 软件管家下载并安装金山词霸，重点熟悉以下几个操作：屏幕取词、画词翻译、网络生词本。

（7）使用 360 软件管家下载并安装金山词霸&金山快译。熟悉这两个软件的使用方法，重点熟悉金山快译的软件汉化和全文翻译功能。

实验 8-3 阅读电子文档

（8）使用 360 软件管家下载并安装屏幕录像专家或 FSCapture，录制将 IE 浏览器的主页设置为 http://www.baidu.com 的操作过程。使用 360 软件管家下载并安装格式工厂将视频转换为 MP4 或其他能被手机所支持的格式，并传送到手机中播放。

3. 问题解答

（1）图像采集的方法有哪些?

解答：主要有以下几种图像采集方法。

①通过扫描仪。

②通过数码相机。

③通过摄像机捕捉图像。利用视频卡将摄像机等视频源的信号实现单帧捕捉，并保存为数字图像文件。

④绘图软件。

⑤购买图像光盘或从网上下载图像。

（2）简述 ACDSee 浏览图片的步骤。

解答：若要使用 ACDSee 浏览图片，只需双击该图片即可，在浏览图片时，常用以下一些基本操作。

①以关联方式快速打开图像文件。

②放大与缩小。

③向前或向后查看图片。

④全屏显示。

⑤幻灯片显示。

⑥设置墙纸。

⑦调用外部程序。

（3）列举 WinRAR 的特点。

解答：

①提供全图形界面，全按钮工具条，使用户的操作更加方便、快捷、灵活。

②WinRAR 适合所有层次的用户，它同时提供了两种操作模式：向导模式适用于新用户，传统模式适用于高级用户，两种模式可随时切换。

③全面支持 Windows 的对象 Drag and Drop（拖放）技术，可以使用鼠标将压缩文件拖曳到 WinRAR 程序窗口，快速地打开压缩包。

④支持 Windows 的鼠标右键菜单，为用户的压缩/解压缩操作带来了极大的方便。

⑤支持 RAR、TAR、GZIP 格式的文件，全面支持 ARJ、ARC、LZH 格式的文件。

⑥安装操作非常简单。

⑦其试用版功能完整，可免费使用。

4. 思考题

（1）如何使用 Adobe Reader 将多个 PDF 文档合并为一个文档？

（2）如何获取 PDF 文档中的文字？

（3）如何将一些常用的应用程序安装到手机中？

实验 9　Word 文档的基本操作及格式设置

1. 实验目的

（1）了解 Office 2016 各组件的功能。

（2）熟悉各个常用的 Office 2016 组件的界面。

（3）掌握常用 Word 2016 文档的基本操作。

（4）掌握常用 Word 2016 文档的格式设置方法。

（5）掌握 Word 2016 文档的基本页面设置。

（6）学会使用 Office 助手及帮助目录和索引。

2. 实验内容

（1）Office 2016 的启动。

单击“开始”菜单，搜索“我的 Office”，即可选择任意需要使用的应用，并启动。

（2）认识 Office 2016 中各个应用界面的主要组成元素。

①观察 Office 2016 中各个应用程序界面组成的异同。

②掌握选项卡的构成，熟悉“文件”菜单按钮。

③认识选项卡、组、状态栏及其功能。

（3）创建文档。

在 D 盘上分别创建名称均为“体验”的 Word 文档、Excel 文档和 PowerPoint 文档，并注意观察各文档图标的特征。

最简单的方法是打开 D 盘，然后单击鼠标右键，在弹出的快捷菜单中用“新建”命令进行操作。最常用的方法是启动相关的应用程序，在任务窗格选择相应的命令。

（4）保存文档。

①打开创建好的“体验”Word 文档，在其中输入下列文字。

实验 9-1　保存文档

Microsoft Office 2016 中文版是一个优秀的办公套装软件，适用于办公过程中的文字处理、表格应用与计算、会议演讲、常用数据库管理以及 Internet 信息交流等多项日常办公工作。因此中文 Office 2016 是一个名副其实的“办公助手”。

②选择“文件”菜单下的“保存”命令保存对文档的修改。

提示

还可以单击工具栏上的“保存”按钮保存文档。

③在保存过的“体验”文档中再添加下列文字。

虽然 Visio 2016 和 Project 2016 不是 Office 2016 组件中的成员，但也是非常实用的两款软件。

实验 9-2　另存为文档

选择“文件”菜单的“另存为”命令，在弹出的“另存为”对话框中的“保存位置”中选择 E 盘，“文件名”为：“我的实验”，单击“保存”按钮，将修改后的文档以新文件名另存到指定位置。

④关闭各个程序窗口。

（5）打开最近使用过的 Word 文档。

（6）认识工具栏、选项卡、状态栏。

①在刚才打开的“体验”Word 文档选项卡上，移动鼠标指针查看各个选项卡及其下属的各个级联组项。

②观察工具栏中各按钮的外观，并了解其功能。

③观察状态栏中所显示的文档信息。

④再打开 Office 2016 的另一个组件——Excel 2016，同样观察其窗口中的选项卡、工具栏按钮和状态栏，体会其与 Word 2016 窗口的异同。

（7）按照不同的视图方式查看 Word 文档。

在“体验”Word 文档中，分别选择“视图”选项卡下的“普通”“Web 版式”“页面”“阅读版式”“大纲”“文档结构图”“导航窗格”“显示比例”等选项浏览文档。

（8）使用“剪贴板”。

①打开 E 盘中的名为“我的实验”的文档，选中其中的全部文本，在“开始”选项卡中单击“剪切”选项。

实验 9-3　剪贴板

②切换到“体验”Word 文档，并将光标定位在文档末尾。

③在“开始”选项卡中打开剪贴板，可看到被剪切下来的文本，在剪贴板中单击该文本，即可实现文本的移动。

（9）使用 Office 助手及帮助目录和索引。

打开“体验”Word 文档，利用快捷键【F1】获取帮助，在“帮助”窗口使用“Microsoft Word 帮助”命令查询“Word 使用的排序规则”。

实验 9-4　帮助

（10）字符格式设置。

①打开“体验”Word 文档，利用“开始”选项卡中的“字体”组进行字体格式设置。

②选中其中的全部文本，设置字体为“宋体”，字号为“四号”并“加粗”，字体颜色设为“红色”。

（11）段落格式设置。

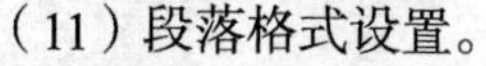

①在文档窗口中，选中需要设置段落格式的文档内容。

②段落首行缩进的设置。打开“段落”选项卡，选择“缩进”下面的“特殊格式”，单击下拉三角按钮，选择“首行缩进”并设置相应的缩进量为 2 字符，也可使用水平标尺进行操作。

实验 9-5　字符、段落、页面设置

③行距的设置。在“段落”选项卡中，调整“间距”下面的“段前”“段后”值为 0.5 行，调整后的效果可以在最下面的“预览”框中看到。

选择“行距”下拉列表中的多倍行距，并指定行距为 1.3 倍。

（12）页面设置。

①设置纸张的大小为“B5”，方向为“纵向”。

②切换到“布局”选项卡。在“页面设置”组中单击“页边距”按钮，并在打开的常用页边距列表中选择“适中”的页边距。

3. 问题解答

（1）Office 2016 各程序的启动还有哪几种方法？

解答：还有以下几种方法。

- 利用程序的快捷方式启动运行。
- 利用“开始”菜单启动。
- 利用“计算机”或“文件资源管理器”启动运行：打开“计算机”或“文件资源管理器”窗口，双击要打开的 Office 文档，则系统会自动启动该文档所对应的 Office 应用程序。

（2）如何快速设置最常用的行距？

①打开 Word 2016 文档窗口，选中需要设置行距的段落或全部文档。

②在“开始”选项卡的“段落”组中单击“行距”按钮，并在打开的行距列表中选中合适的行距；也可以单击“增加段前间距”或“增加段后间距”按钮调整段落之间的距离。

（3）在 Word 2016 中，如何显示最近使用过的文档？

解答：“文件”菜单下的“最近所用文件”会列出最近使用过的文档，通过选择它们可以打开相应的文档。

4. 思考题

（1）如何在屏幕上显示工具栏中按钮的快捷键？

（2）如何保存 Word 2016 文档以兼容较低版本的软件？

（3）“文件”菜单中的“保存”和“另存为”命令有什么不同？

（4）如何为文档中的文字加上“下画线”？

实验 10　Word 文档中对象的插入

1. 实验目的

（1）掌握插入艺术字的方法。

（2）掌握插入公式的方法。

（3）掌握文本框的用法。

（4）学会添加水印效果。

（5）学会插入页码。

2. 实验内容

（1）在 Word 文档中输入下面的内容。

春节（Spring Festival），是农历的岁首，春节的另一名称是过年。它是中国最盛大、最热闹、最重要的一个古老传统节日，也是中国人所独有的节日，是中华文明最集中的表现。自西汉以来，春节的习俗一直延续到今天。春节一般指除夕和正月初一。但在民间，传统意义上的春节是指从腊月初八的腊祭或腊月二十三或二十四的祭灶，一直持续到正月十五，其中以除夕和正月初一为高潮。如何庆贺这个节日，在千百年的历史发展中，形成了一些较为固定的风俗习惯，有许多还流传至今。在春节这一传统节日期间，我国的汉族和大多数少数民族都要举行各种庆祝活动，这些活动大多以祭祀神佛、祭奠祖先、除旧布新、迎禧接福、祈求丰年为主要内容。活动形式丰富多彩，带有浓郁的民族特色。2006 年 5 月 20 日，“春节”民俗经国务院批准列入第一批国家级非物质文化遗产名录。

（2）插入艺术字。

实验 10-1 插入艺术字

①在 Word 中利用“插入”选项卡“文本”组中的“艺术字”按钮分别创建内容为“Spring Festival”和“中国传统节日”的艺术字效果，在“艺术字样式”组中选择两种不同的式样。

②分别选中所创建的艺术字，选择“排列”组中的“自动换行”按钮，并在打开的列表中选中“四周型环绕”方式。

（3）插入公式。

①切换到“插入”选项卡，在“符号”组中单击“公式”按钮。

②创建一个空白公式框架，在“公式工具/设计”功能区中，单击“结构”组中的“根式”按钮，并在打开的根式列表中选择需要的根式形式，如“三次平方根”。

实验 10-2 插入公式

③在空白公式框架中将插入根式结构，单击占位符框并输入具体的数值即可。

（4）插入水印。

实验 10-3 插入水印

通过插入水印，可以在文档背景中显示半透明的标识（如“机密”“草稿”等文字）。水印既可以是图片，也可以是文字，Word 2016 内置了多种水印样式。

①在文档窗口中，切换到“设计”选项卡。

②在“页面背景”组中单击“水印”按钮，即可在打开的水印面板中选择合适的水印。此处选择“自定义水印”选项，在如图 10-1 所示的对话框中进行设置并应用。

（5）插入页码。

实验 10-4 插入页码

①切换到“插入”选项卡。在“页眉和页脚”组中单击“页脚”按钮，并在打开的页脚面板中选择“编辑页脚”命令。

②当页脚处于编辑状态后，在“设计”选项卡的“页眉和页脚”组中依次单击“页码”→“页面底端”按钮，并在打开的页码样式列表中选择“普通数字 1”或其他样式的页码即可。

如果要使页码从任意页开始，则在需要开始打出页码的前一页的末尾（如果要在第 3 页开始标上页号，就是第 2 页的末尾），在“插入”功能区的“页眉和页脚”组中依次单击“页码” → “设置页码格式”按钮，如图 10-2 所示。

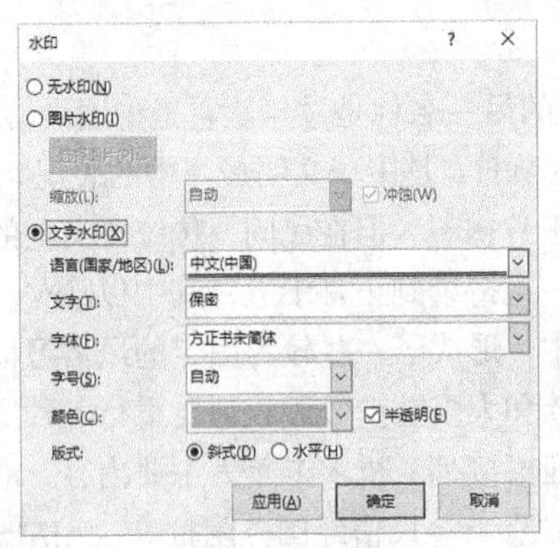

图 10-1　自定义水印

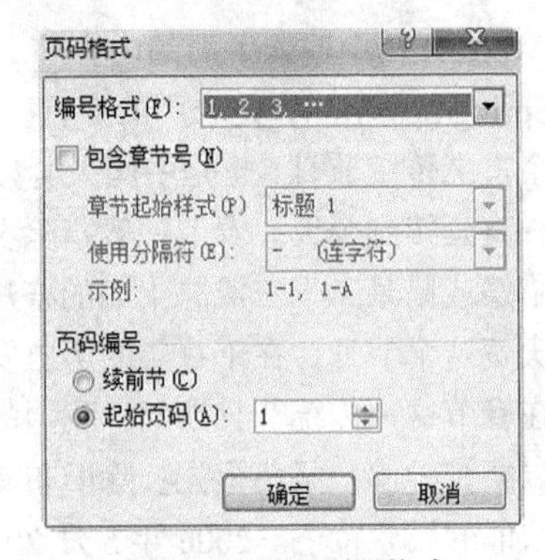

图 10-2　设置页码格式

（6）插入文本框。

实验 10-5　插入文本框

①在文档窗口中切换到“插入”选项卡，在“文本”组中单击“文本框”按钮，并在打开的文本框面板中选择“简单文本框”选项，输入文字“节日快乐”。

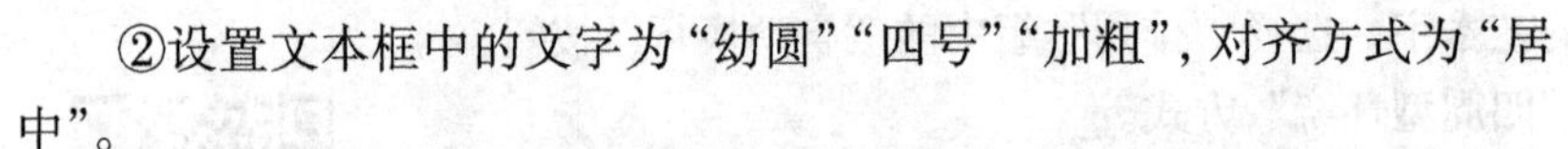

②设置文本框中的文字为“幼圆”“四号”“加粗”，对齐方式为“居中”。

实验 10-6　插入图片

③选中文本框，通过在单击鼠标右键弹出的快捷菜单中选择“设置文本框格式”选项设置底纹填充效果，线条颜色为“无”。

④选中文本框，通过在单击鼠标右键弹出的快捷菜单中选择“其他布局选项”设置文字环绕方式为“四周型环绕”。

（7）插入图形和图像。

实验 10-7　插入图形

①切换到“插入”选项卡。在“插图”组中单击“联机图片”按钮，在弹出的对话框中选择或搜索一幅与春节有关的图片，利用“图片工具/格式”功能对图片进行格式调整。

②在“插入”选项卡的“插图”组中单击“形状”按钮，选择“基本形状”中的“心形”，向其中输入文字“真心”，并利用“绘图工具/格式”功能区中的各种工具，对该图形进行格式调整。

（8）插入 SmarArt 图形。

实验 10-8　插入 SmartArt 图形

选择“SmarArt 图形”中的“关系”类型下的“射线维恩图”，输入图 10-3 所示的内容并利用相关工具进行格式设置。同时设置图形与文字间的关系。

（9）预览整个文档的结构布局是否合适，将所有对象放置在同一页中，并适当调整纸张大小或页边距。

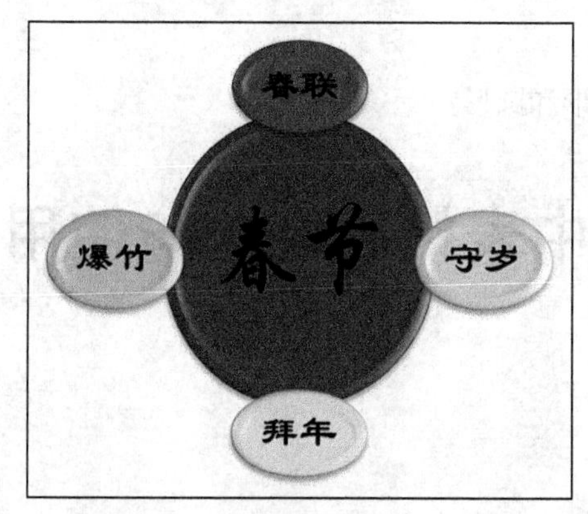

图 10-3　SmarArt 图形

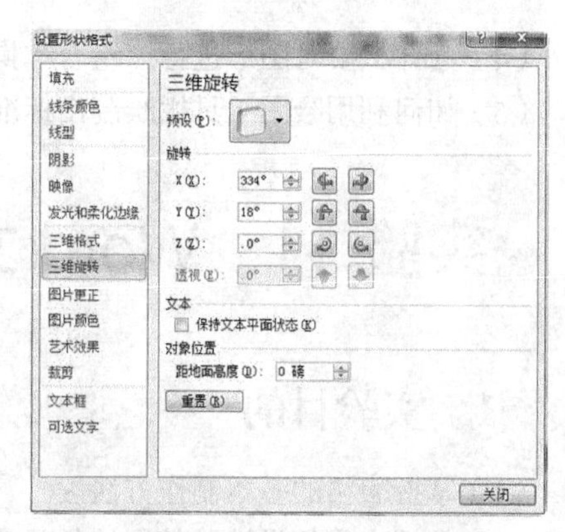

图 10-4　三维设置工具栏

3. 问题解答

（1）如何为图形对象添加三维效果？

解答：为图形对象添加三维效果的操作步骤为：首先选择图形对象，然后单击“绘图工具/格式”功能区中的“形状效果”按钮，在“三维旋转”的级联菜单中选择合适的三维效果；如果要改变所选三维效果的深度、方向、照明度和旋转角度等，则单击“三维旋转”选项，在弹出的对话框中进行调整、设置，如图 10-4 所示。

（2）文档中插入的图片除了剪贴画外，是否可以插入自己收藏的图片？若可以，应如何实现？

解答：在 Word 文档中，插入的图片包括 Word 自带的剪贴画和计算机中的外部图片。这些外部图片可以存放在本地磁盘中，也可以存放在网络驱动器上，甚至可以存放在 Internet 上。因此，可以插入自己收藏的图片。

选择“插入”选项卡下“插图”组中的“图片”命令，弹出“插入图片”对话框，选择要插入图片所在的位置，选中图片即可插入。

（3）在 Word 2016 中，除了插入艺术字、图片，绘制自选图形外，还可以插入、编辑哪些图形类对象？

解答：可以插入 SmartArt 图形、图表类型。在 Word 2016 文档中，执行“插入”选项卡下“插图”组中的“SmartArt”命令，在随后弹出的“选择 SmartArt 图形”对话框中选择图示的类型，单击“确定”按钮即可插入组织结构图、循环图、层次结构图、关系图、流程图和棱锥图等多种类型的图示，然后根据需要可对图示进行添加或删除组件图框等操作，再进行套用格式、反转、文字环绕等格式设置即可。

（4）如何调整图形的叠放次序？

解答：当文档中有多个浮动版式的图形且相互重叠时，可以设置它们的叠放次序。在要设置叠放次序的图形上单击鼠标右键，在弹出的快捷菜单中执行“叠放次序”命令下相应的子命令即可。

4. 思考题

（1）如何去掉 Word 2016 文档已有的“水印”效果？

（2）如何对文本框中的文字进行竖排？

（3）如何在 Word 2016 中插入特殊符号？

（4）为什么要对图形进行“组合”操作？

（5）如何利用绘图工具栏绘制出标准的正方形和圆形？

实验 11　Word 文档中表格的制作与使用

1. 实验目的

（1）掌握表格的基本制作方法。

（2）掌握表格的设计及其属性的更改方法。

（3）掌握在表格中使用公式的方法。

2. 实验内容

（1）创建简单表格并进行简单计算。

实验 11-1　表格计算

①利用“插入”选项卡中的“表格”命令，创建一个大小为 8×8 的表格。

②选择第一行，执行“表格工具/布局”选项卡中的“合并单元格”命令，使第一行成为表格的标题行。

③输入图 11-1 所示的表格中的内容，并对表格中的数据进行编辑，包括设置单元格中的数据水平居中对齐、字体为黑体等。

④利用“表格工具/布局”选项卡中的“公式”命令，对总分进行求和运算。单击需要插入公式的单元格，然后在“布局”选项卡的“数据”中单击“fx 公式”，将显示“公式”对话框。

⑤在打开的“公式”对话框中，“公式”编辑框会根据表格中的数据和当前单元格所在位置自动推荐一个公式，例如，“=SUM(LEFT)”用于计算当前单元格左侧单元格的数据之和。可以单击“粘贴函数”下拉三角按钮选择合适的函数，如平均数函数 AVERAGE、计数函数 COUNT 等。各公式中括号内的参数包括 4 个，分别是左侧（LEFT）、右侧（RIGHT）、上面（ABOVE）和下面（BELOW）。本题可以先为表格的最后一行进行求和计算，再逐渐向上完成各行的求和计算。完成公式的编辑后，单击“确定”按钮即可得到计算结果，如图 11-1 中的样表所示。

成绩表							
学号	姓名	计算机原理	数据库	操作系统	高级语言	总分	备注
021001	李军	100	86	64	80	330	
021002	常伟	56	67	90	77	290	
021003	王平	68	56	68	80	272	
021004	张华	87	74	88	69	318	
021005	赵兵	72	63	76	84	295	
021006	肖娟	89	91	69	76	325	

图 11-1　样表

（2）创建有斜线表头的表格。

实验 11-2　斜线表头

①利用“插入”选项卡中的“表格”命令，创建一个大小为 5×7 的表格。

②利用“表格工具/布局”选项卡中的“表格行高”命令，把第一行的行高调大一些，如图 11-2 所示。剩余各行均设置为相等的行高。

③分别选中第一行的前两个单元格、第一列的第 2、3 个单元格和第 4、5 个单元格，执行合并单元格操作；选中所有单元格，单击鼠标右键→单元格对齐方式→水平居中；并利用“表格工具/设计”选项卡中的“表样式”命令，应用如图 11-2 所示的样表的样式效果。

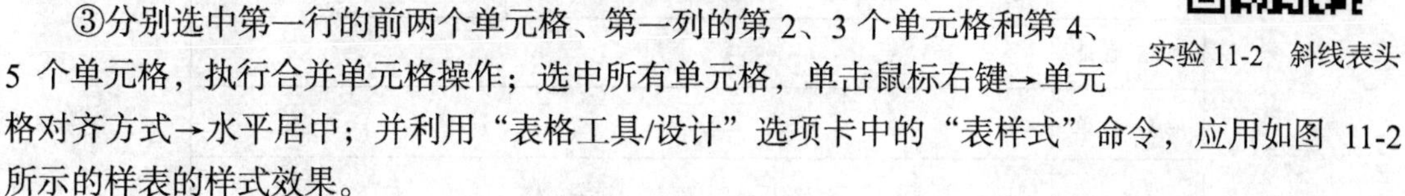

课程表

星期 / 课节		星期一	星期二	星期三	星期四	星期五
上午	1～2 节	语文	英语	语文	物理	化学
	3～4 节	数学	化学	化学	英语	数学
下午	5～6 节	英语	物理	数学	语文	语文
	7～8 节	物理	数学	英语	体育	英语

图 11-2　样表的样式效果

④选择“表格”选项卡中的“绘制表格”选项，在第一行第一个单元格中添加斜线表头。在斜线的两侧分别输入“星期”与“课节”。

⑤将鼠标指针分别定在第一列的两个单元格中，并分别单击鼠标右键，在弹出的对话框中选择“文字方向”选项，设置为竖排，然后在其中分别输入“上午”和“下午”。

斜线表头也可以通过“表格属性”对话框中的“边框和底纹”命令进行设置。选择斜线，在“应用于”下拉列表中选择“单元格”选项，如图 11-3 所示。

（3）创建特殊表格。

①插入一个大小为 11×7 的一般表格。

②在表格中插入两行，使其成为大小为 13×7 的表格，用鼠标指针调整表格的列宽、行高。

③选中第 7 列的 1～4 行的单元格，再执行“表格工具/布局”菜单中的“合并单元格”命令。按图 11-4 所示对表格进行合并单元格的操作。

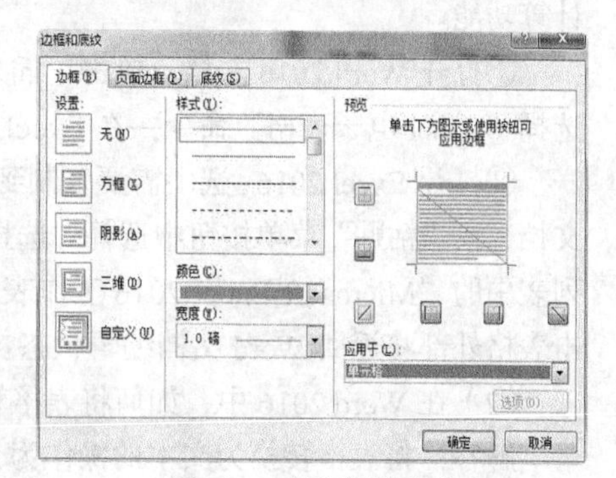

图 11-3　插入斜线表头

④按图 11-4 所示的内容输入文本，选中部分单元格，通过“表格工具/布局”选项卡中的“文字方向”设置单元格中的文字为竖排。一些单元格中的字符间距加宽（不使用空格）。利用“插入”选项卡中的“符号”向单元格中插入一些特殊符号。

个人简历

<table>
<tr><td>姓　　名</td><td></td><td>性　别</td><td></td><td>年　龄</td><td></td><td rowspan="4">相
片</td></tr>
<tr><td rowspan="3">联
系
方
式</td><td colspan="5">（在此输入联系人信息）</td></tr>
<tr><td>邮政编码☒</td><td colspan="2"></td><td>电子邮件</td><td></td></tr>
<tr><td>电　　话☎</td><td colspan="2"></td><td>传　　真</td><td></td></tr>
<tr><td>通信地址</td><td colspan="6"></td></tr>
<tr><td>应聘职位</td><td colspan="6"></td></tr>
<tr><td rowspan="2">教

育</td><td>时　间</td><td colspan="5">学　校</td></tr>
<tr><td></td><td colspan="5"></td></tr>
<tr><td>奖　　励</td><td colspan="6"></td></tr>
<tr><td>技　　能</td><td colspan="6"></td></tr>
<tr><td>兴趣爱好</td><td colspan="6"></td></tr>
<tr><td>备　　注</td><td colspan="6"></td></tr>
</table>

图 11-4　样表

提示

利用 Word 单元格段落的独立性可以制作分栏排版的报纸，只要把相应各栏（块）内容分别放入根据需要绘制的特大表格单元格中，设置好横竖排方向，再合理地设置好边框（如无边框）等，就能得到报刊或杂志上的排版效果。

3. 问题解答

（1）如何在 Word 2016 中插入或粘贴 Excel 电子表格？

解答：在使用 Word 2016 制作和编辑表格时，可以直接插入 Excel 电子表格，并且插入的电子表格也具有数据运算等功能。如果直接粘贴 Excel 电子表格，则表格不具有 Excel 电子表格的计算功能。

①打开 Word 2016 文档，单击“插入”选项卡→在“表格”中单击“表格”按钮→在菜单中选择“Excel 电子表格”命令→在 Excel 电子表格中输入数据，并进行计算、排序等操作。

②打开 Excel 2016，选中需要复制到 Word 2016 中的表格，单击“复制”按钮。打开 Word 2016 文档，在“粘贴”菜单按钮中选择“选择性粘贴”选项，在“选择性粘贴”对话框中选中“形式”列表中的“Microsoft Excel 2016 工作表对象”选项，确定后双击 Excel 表格将开始编辑数据，单击表格外部将返回 Word 文档编辑状态。

（2）在 Word 2016 中，如何将表格转换成文本？

解答：将表格转换为文本的操作为：选定要转换的表格，执行“表格工具”菜单下“布局”选项卡中的“转换为文本”命令，打开“表格转换成文本”对话框，根据实际情况进行选择。

（3）Word 2016 中表格跨页后如何实现在下一页也显示同样的标题？

解答：一些大型表格可能无法在一页的篇幅内显示完全，必须进行分页处理。因此，表格会在分页符处被分割，第二页的表格缺少标题，需要添加相同的标题，这就涉及表格标题的重复问题。

选择表格的一行或多行标题行，选择内容必须包括表格的第一行，然后在“表格工具”菜单下“布局”选项卡的“数据”组中单击“重复标题行”按钮，则在后续页的相应位置也会出现同样的标题内容。

4. 思考题

（1）在 Word 2016 文档中创建表格的方式有哪些？各适用于何种表格的创建？

（2）如何利用菜单调整表格的尺寸？如何利用鼠标及标尺调整单元格的尺寸？

（3）什么是合并单元格？合并得到的单元格与在几个选定的单元格中删除中间线后所得的结果是否一样？

实验 12 Word 文档的排版与输出

1. 实验目的

（1）综合所学的 Word 知识，熟练掌握排版技巧。

（2）练习插入公式和表格以及对其进行格式化的方法。

（3）练习对长文档的排版，学会自动生成长文档目录的方法。

（4）掌握奇偶页不同的页眉、页脚设置方法。

（5）掌握对文档的打印设置。

实验 12-1 页面设置

2. 实验内容

综合设计、编排一个如图 12-1 所示的毕业论文文档。

（1）页面设置。

在“页面布局”选项卡组中，“纸张大小”选择“A4”，“纸张方向”选择“纵向”；“页边距”设置为：上、下各为 2.5 厘米，左为 2.5 厘米，右为 2 厘米。

目 录

XXX学院本科毕业论文（设计）

基于汉语框架网的语义角色自动标注

图 12-1 综合排版效果

（2）论文排版格式（要求基于样式进行排版）。

实验 12-2　修改样式

①论文题目用二号黑体，标题前后各空一行。

②一级标题：小四号黑体（上下各空一行）。

③二级标题：小四号楷体。

④正文用五号宋体。

①一级标题和二级标题与 Word 给出的标题样式格式不同，为不影响原标题的样式，可根据“Word 标题 *i*”样式新建对应的“样式 *i*”（*i*=1,2,3）。设置好两级标题的样式后，将其套用到本文的标题上，目的是为下一步目录的自动生成打基础。

②新建样式：执行“开始”选项卡中“样式”组中“样式”对话框中的“新建样式”命令，在对话框中输入名称为“样式 1”，样式类型为“段落”，基准样式为“标题 1”。更细化的格式设置按对话框中的“格式”按钮进行设置。

（3）插入题注和交叉引用。

①光标定位在表格上方表格标题前，使用“引用”选项卡中的“插入题注”命令插入题注。

②光标定位在正文中需要书写“表 1”的位置，使用“引用”选项卡中的“交叉引用”命令插入对题注的交叉引用。

实验 12-3　插入目录

（4）自动生成目录。

①目录：要求单独占页，“目录”二字用三号加粗宋体，目录内容用小四号宋体，行距设置为 1.5 倍。

②将光标定位到题目前，单击“布局”选项卡下“页面设置”组中的“分隔符”的下拉三角按钮，选择“分节符”下的“下一页”，在当前文档前插入新页，如图 12-2 所示。

③在插入的新页上，单击“引用”选项卡下“目录”组中的“目录”下拉三角按钮，选择“自动目录 1”，则自动生成目录。按照要求设置目录的格式，呈现如图 12-1 中的左图所示的目录效果。

在生成目录前，最好根据自己设置的两级标题，通过大纲视图观察目录的层次结构，若不符合要求，则可进行修改。

（5）多级列表的使用。

在“开始”选项卡中的“多级列表”中单击“定义新的多级列表”按钮，在弹出的对话框中单击“更多”按钮，在第一级列表对应的“将级别链接到样式”下拉框中选择“标题 1”。以此类推，完成设置后，单击“确定”按钮，就能看到原来的标题现在变成了带多级列表的标题了。

（6）页眉和页脚的排版格式。

①页脚：奇数页码位置放置在页面右下角，偶数页放置在页面的左下角。

②页眉：小五，宋体，居中（向奇数页“页眉”中央插入相关艺术字；将偶数页页眉设置为论文题目）。

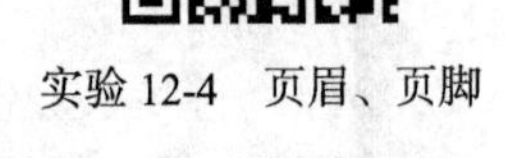

实验 12-4　页眉、页脚

③打开 Word 2016 文档，在“页面布局”选项卡的“页面设置”组中单击对话框启动器按钮。在弹出的“页面设置”对话框中，选择“版式”选项卡、在“页眉和页

脚”选项区域中勾选“首页不同”“奇偶页不同”复选框，如图 12-3 所示。

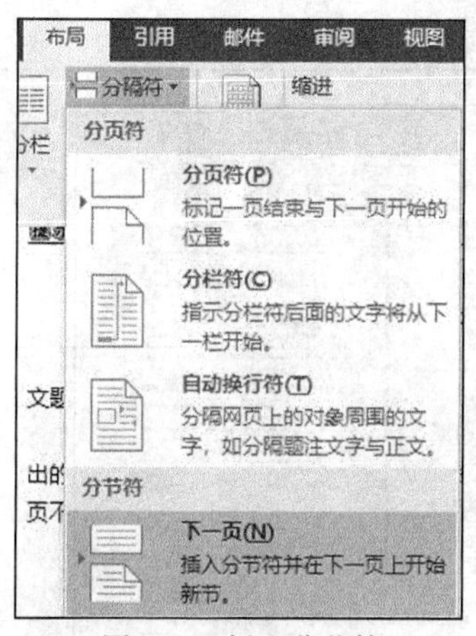

图 12-2　插入分节符

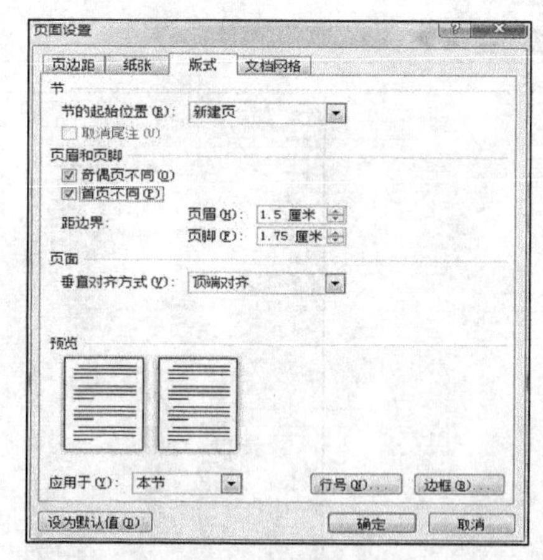

图 12-3　页面设置

④单击“插入”选项卡中“页眉和页脚”组中的“页眉”按钮，在展开的下拉菜单中选择“空白”选项，激活页眉区域。在奇数页页眉插入图片；切换至第 2 页页眉区域，插入论文题目，并将字体设置为宋体，字号为小五，居中。

⑤在 Word 2016“页眉和页脚工具”的“设计”选项卡的“导航”组中，单击“转至页脚”按钮，转至页脚区域。

⑥单击“页码”按钮，在展开的下拉菜单中将鼠标指针指向“页面底端”选项，在展开的下拉菜单中选择“普通数字”选项，此时就可以看到在第 1 页的页脚区域显示了选择的页码样式，再将其对齐方式设置为右对齐。

⑦切换至第 2 页的页脚区域，然后在其中插入与前一页相同样式的页码，并将对齐方式设置为左对齐。

也可以通过如下操作来设置奇偶页不同。打开 Word 2016 文档窗口，切换到“插入”选项卡，在“页眉和页脚”组中单击“页眉”或“页脚”按钮（假设单击“页眉”按钮），并在打开的页眉面板中选择“编辑页眉”命令；选择“编辑页眉”命令，打开“页眉和页脚工具”功能区，在“设计”选项卡的“选项”组中选中“首页不同”和“奇偶页不同”复选框，其余操作同步骤④～步骤⑦。

（7）在文档中插入如下公式。

$$\mathrm{Sim1} = \mathrm{Sim}(PT1, PT2) = \overrightarrow{PT1} \cdot \overrightarrow{PT2} = \frac{\sum_{i=1}^{n} ti \cdot pi}{\sum_{i=1}^{n} ti^2 * \sum_{i=1}^{n} pi^2}$$

（8）打印设置。

①文档排版完毕并保存后，依次单击“文件”选项卡→“打印”按钮，弹出图 12-4 所示的窗口。

②在打开窗口的右侧预览打印效果，可再次单击“开始”选项卡切换到文档中继续对文档排版效果进行修改。

提示　通过右下角的滑块调整显示页面的大小，如果是多页，则可通过右侧的滚动条调整翻页。

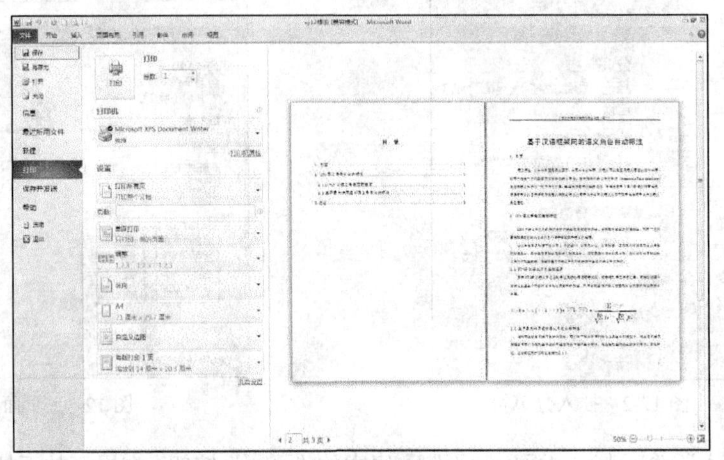

图 12-4　打印设置

③在“设置”选项中设置。

- “打印所有页”“页数”：设置所要打印的文档的范围。
- “单面打印”：设置文档的单、双面打印方式。
- “调整”：设置打印多份时文档的打印方式。

④单击页面左侧下方的“页面设置”按钮调整页面设置效果。

⑤在“打印”选项中设置打印份数，然后单击“打印”按钮即可打印并输出文档。

3. 问题解答

（1）如何在 Word 2016 文档中设置分栏？

解答：在默认情况下，Word 2016 提供了 5 种分栏类型供用户选择使用，即一栏、两栏、三栏、偏左和偏右。如果这些分栏类型依然无法满足用户的实际需求，则用户可以在 Word 2016 文档窗口的“布局”选项卡的“分栏”对话框中进行自定义分栏，以获取更多的分栏选项。在 Word 2016 文档中自定义分栏的步骤如下。

①打开 Word 2016 文档窗口，切换到“布局”选项卡。选中需要设置分栏的节或者选中需要设置分栏的特定文档内容，在“页面设置”分组中单击“分栏”按钮，并在打开的分栏菜单中选择“更多分栏”选项。

②打开“分栏”对话框，在“列数”编辑框中输入分栏数；选中“分隔线”复选框就可以在两栏之间显示一条直线分割线；如果选中“栏宽相等”复选框，则每个栏的宽度均相等，取消“栏宽相等”复选框，则可以分别为每一栏设置栏宽；在“宽度”和“间距”编辑框中设置每个栏的宽度数值和两栏之间的距离数值，在“应用于”编辑框中可以选择当前分栏设置应用于全部文档或当前节。设置完毕后单击“确定”按钮即可。

（2）如何将 Word 2016 文档直接保存为 PDF 文件？

解答：Word 2016 具有直接另存为 PDF 文件的功能，用户可以将 Word 2016 文档直接保存为 PDF 文件，操作步骤如下。

①打开 Word 2016 文档窗口，依次单击“文件”选项卡→“另存为”按钮，在打开的“另存

为”对话框中，选择“保存类型”为 PDF，然后选择 PDF 文件的保存位置并输入 PDF 文件名称，然后单击“保存”按钮。

②完成 PDF 文件发布后，如果当前系统安装有 PDF 阅读工具（如 Adobe Reader 软件），则保存生成的 PDF 文件将直接被打开。

4. 思考题

（1）如何应用“宏”制作论文的封面？

（2）如何去掉页眉的下框线？

（3）在本实验的论文文档中添加页码时，如何使页码从正文页而非目录页开始？

实验 13　Excel 中各式表格的制作

1. 实验目的

（1）掌握 Excel 中对数据的基本操作。

（2）学会有关工作表的基本操作。

（3）掌握基本格式操作。

（4）能够制作满足不同要求的工作表。

（5）了解有关工作表的保护设置。

2. 实验内容

实验 13-1　费用综合统计表

进入 Excel 2016 操作界面，认识窗口的组成元素，并完成下面的操作。

新建一个工作簿，设置文件名为“各类表格实例”，在其中创建下面的工作表。将每个工作表按题中要求重新命名。若工作表数目不足，则插入几张工作表。

（1）在第一张工作表中建立一个效果如图 13-1 所示的“费用综合统计表”。

	B	C	D	E	F	G	H	I
1	费用综合统计表							
2	投资	时间	二〇一八年度					
3		(万元)	第一季			第二季		
4	项目名称		一月	二月	三月	四月	五月	六月
5	操作费用	人工费	5	8	6	6	7	4
6		管理费	6	2	4	7	4	3
7		机械费	9	8	7	6	7	8
8		小计						
9	修理更新费	搅拌机	10	12	9	11	10	12
10		配料架	9	7	8	7	9	6
11		计量器	2	3	1	3	4	2
12		小计						

费用综合统计表　月度考勤记录表　Sheet3

图 13-1　费用综合统计表

①本表的制作可分模块完成。要求在 B2:C4 单元格区域绘制“外侧边框”线；要求对 D2:I2、D3:F3、G3:I3 单元格区域，分别进行“合并后居中”操作；要求对 D2:I4 单元格区域应用“所有框线”。

类似于这种形式的表头一般不合并单元格，否则会给表头文字输入和其他操作带来麻烦。
一般对行标题、列标题适当加粗，适当处理文字颜色、填充颜色。
同类型数据的行高、列宽、字体、字号，尽量保持一致。
字体要用一般计算机中都有的字体。

②要求对 B5:B8 单元格区域进行“合并单元格”操作，并且设置文字方向为“竖排”；B5:I8 单元格区域先应用“所有框线”，再设置“双底框线”边框。

③要求用格式刷将 B5:I8 单元格区域的格式复制给 B9:I12 单元格区域，并设置 B9:B12 单元格区域为“缩小字体填充”。

④输入除 B2:C4 单元格区域之外的其他内容，并设置对齐方式，改变列宽。其中的“季度”和“月”要用“序列”填充，再自行将表中内容扩充为 1 年的数据。

⑤用“直线形状”工具绘制表头中的斜线，在 B2 单元格中输入“投资”，C2 单元格中输入“时间”，C3 单元格中输入“(万元)”，B4 单元格中输入“项目名称”，根据需要自行调整各单元格的对齐方式和列宽。

⑥调整第一行的行高，插入“艺术字”作为该表的标题：“费用综合统计表”。根据自己的喜好修改艺术字格式。将该工作表重命名为“费用综合统计表”后保存文件。修改工作表标签的颜色。

请在学习了公式和函数的内容后，使表中“小计”行列出求和结果项。

（2）在第二张工作表中建立图 13-2 所示的“月度考勤记录表”。

实验 13-2　月度考勤记录表

①输入内容。分别在 C3、F3、I3 单元格中输入“科室”“姓名”“月份”；在 D4:I4 单元格区域中用序列填充输入“星期一”到“星期六”，在 J4 单元格中输入“合计”；在 B5、B8、B11、B14 单元格中输入“第一周”～“第四周”；在 C5:C7 单元格区域中输入“病假”“事假”“它假”，将这 3 个单元格中的内容用填充柄填充到 C8:C10、C11:C13、C14:C16 单元格区域中；在 C17 单元格中输入“月度累计”；在 E17、G17、I17 单元格中分别输入“病假”“事假”“它假”。将所有单元格的对齐方式设为“居中”。

	B	C	D	E	F	G	H	I	J
1	月度考勤记录表								
2									
3		科室			姓名			月份	
4			星期一	星期二	星期三	星期四	星期五	星期六	合计
5	第一周	病假							0
6		事假							0
7		它假							0
8	第二周	病假							0
9		事假							0
10		它假							0
11	第三周	病假							0
12		事假							0
13		它假							0
14	第四周	病假							0
15		事假							0
16		它假							0
17		月度累计		病假	0	事假	0	它假	0

费用综合统计表　月度考勤记录表　Sheet3

图 13-2　月度考勤记录表

②合并单元格。将 B1:J1 单元格区域设置为“合并后居中”；将 D3 和 E3、G3 和 H3、C17 单元格和 D17 单元格分别进行“跨越合并”操作；对 B5:B7 单元格区域进行“合并单元格”操作，

文字方向设为“竖排”；将该格式用格式刷复制到 B8:B10、B11:B13、B14:B16 单元格区域。

③填充底纹。将 D3、G3、J3、F17、H17、J17 这些不连续的单元格填充为“水绿色”；将 B5、B11、J5:J16 单元格或区域填充为“淡黄色”；将 B4:J4 单元格区域应用“单元格样式”中的“强调文字颜色 4”；将 C17 单元格应用“单元格样式”中的“计算”，将 D5:I16 单元格区域填充为“白色”。

④设置边框。为 B4:J17 单元格区域添加所有边框为黑色单线条，再将外围边框线型改为双线条。适当调整各列的宽度。

⑤数据验证。选定 D5:I16 单元格区域，在“数据”选项卡中单击“数据工具”组中的“数据验证”按钮，进行如图 13-3 所示的设置。

进行数据验证是为了防止用户的非法输入。在选定的单元格区域内只能输入范围为 1～9 的整数。

⑥输入公式。在 B1 单元格中输入“=D3&G3&J3&"月度考勤记录表"”；在 J5 单元格中输入“=SUM(D5:H5)”，并用“自动填充柄”将该公式复制到同列的其他单元格；在 F17 单元格中输入“=J5+J8+J11+J14”；在 H17 单元格中输入“=J6+J9+J12+J15”；在 J17 单元格中输入“=J7+J10+J13+J16”。

B1 中的公式使用了文本的连接运算符“&”。读者可根据表格理解各个公式的含义。

⑦设置工作表保护。选定 D3、G3、J3、D5:I16 这些单元格及区域，在“单元格格式”对话框的“保护”标签中取消“锁定”。单击“审阅”选项卡中“更改”组中的“保护工作表”按钮，在“允许此工作表的所有用户进行”列表中勾选“选定未锁定的单元格”，无须设置密码，直接确定即可。

设置保护后，用户只能对未锁定的单元格进行操作。

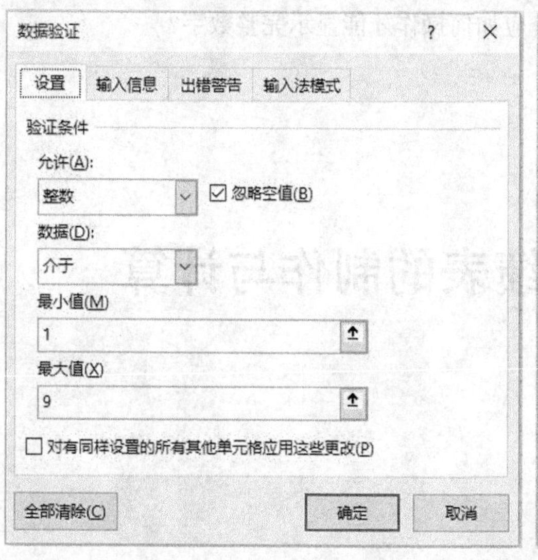

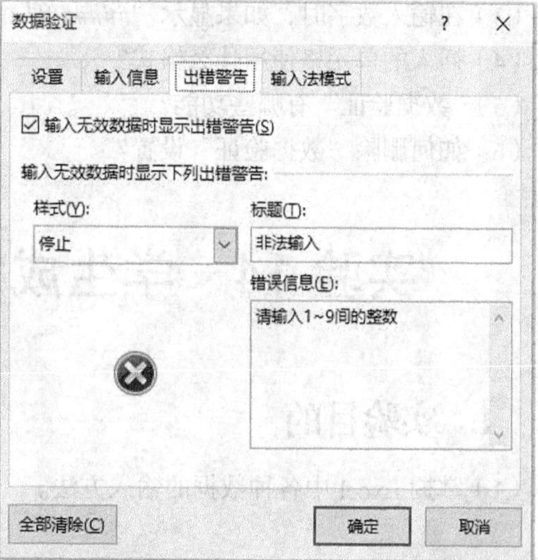

图 13-3 “数据验证”设置

⑧先将本工作表标签重命名为“月度考勤记录表”，再另存为模板文件“月度考勤记录模板”。

⑨打开模板文件，向D3、G3、J3单元格中分别输入“会计系”“高尚”“六月份”；在D5:I16单元格区域中的某些单元格中输入 1~9 的整数，观察表中数据有何变化。如果输入的数据不在此范围时，会出现什么情况？保存该文件，并将文件命名为“6月份高尚考勤表”。

（3）依据模板建立“个人支出计算器”，观察该模板中有几张工作表，工作表的标签有何格式？每张表中表格的格式有何特点？表间转换采用了什么方法？单击仪表板中各处有何变化？学习了后续内容后请写出这些功能是如何实现的，并将自己的个人支出数据输入并保存。

3. 问题解答

（1）如何使用“格式刷”？

解答：工作表中的“格式刷”可以用于复制数据和单元格的格式，选定带有格式的单元格，单击“格式刷”按钮，再按住鼠标左键拖过待复制的单元格或区域。

（2）如何设置多行的行高？

解答：若要设置多行的行高，则可拖动鼠标选中多行，或按【Ctrl】键选中不相邻的行，然后拖动其中一行的下边界，就可以改变选中的行的高度。

若要设置所有行的行高，则可单击位于列标和行号的交接处的按钮，然后拖动任意一行的边界；若要使行高与单元格中内容的高度相适合，则可双击行号的下边界。

（3）“清除”命令与“删除”命令有什么不同呢？

解答：如果清除单元格，则只是删除了单元格中的内容（公式和数据）、格式（包括数字格式、条件格式和边界）或批注，但是空白单元格仍然保留在工作表中。如果通过“删除”命令删除单元格，Excel 将从工作表中移去所选单元格，并调整周围的单元格填补删除后的空缺。

4. 思考题

（1）如何重命名工作表标签？

（2）如果选定了表格标题所在的整行进行“合并后居中”操作，会出现什么结果？

（3）在输入数字时，如果显示“#######”，应如何操作才能显示完整数字？

（4）插入的单元格使用什么格式？

（5）“数据验证”有哪些功能？

（6）如何删除“数据验证”设置？

实验14 学生成绩表的制作与计算

1. 实验目的

（1）掌握 Excel 中各种数据的输入方法。

（2）掌握有关工作表的各种格式设置。

（3）初步掌握公式的编制与使用方法。

（4）掌握函数语法、函数的输入与应用，基本学会使用函数进行计算。

2. 实验内容

实验 14　学生成绩表的制作与计算

（1）建立工作簿。

①新建一个工作簿，文件名为“学生成绩信息”，将 Sheet1 工作表重命名为“基本表”。

②在该表中输入图 14-1 所示的内容。可用方向键在单元格间进行切换，“学号”内容可用自动填充柄填充；“性别”内容可用数据有效性设置序列内容：男女，从而可直接选择值；“届”和“班”的内容必须使用快速填充方法从学号中提取；可使用组合键【Ctrl+;】插入当前日期；数字最好从小键盘区输入。

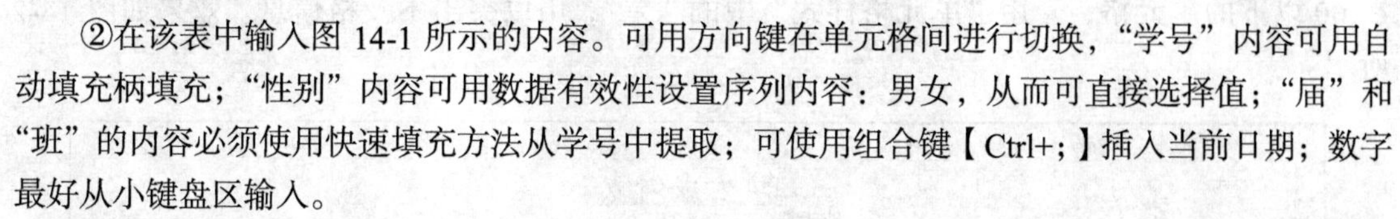

提示　如需防止重复学号输入，则可选定所有学号所在的单元格区域 A4:A15，打开“数据有效性”对话框，在“允许”下拉列表框中选择“自定义”选项，在“公式”框中输入“=COUNTIF(A:A,A4)=1”。了解该函数的用法。

	A	B	C	D	E	F	G	H	I	J	K	L	M	N	O
1	学生成绩表														
2							制表日期:								
3	学号	姓名	性别	届	班	数学	英语	计算机	体育	语文	总分	均分	排名	总评	奖学金等级
4	201301101	高尚	女			67	77	76	80	86					
5	201301102	中东	男			77	78	76	75	79					
6	201301103	吴晧	男			87	85	73	69	81					
7	201401204	张娟	女			78	79	80	73	66					
8	201401205	张江洋	男			45	38	67	64	70					
9	201401301	景泰红	女			65	70	77	60	70					
10	201401302	邓海	男			50	77	70	65	70					
11	201501403	刘可	女			87	90	80	84	79					
12	201501404	李砂国	男			69	70	78	73	68					
13	201501405	要强	男			88	86	78	89	96					
14	201501406	伍佰	男			65	63	76	70	78					
15	201501407	智者聪	女			79	80	87	84	74					
16	人数统计														
17	最高分														
18	最低分														
19	条件统计														

图 14-1　基本表

（2）设置单元格及数据格式。

①日期格式：将需要输入日期的单元格的数字格式设置为日期中的一种。

②标题格式：将该表复制到 Sheet2 中，重命名为“格式表格”。选定表格标题区域 A1:O1 单元格，进行“合并后居中”操作，并将标题文字格式设为“楷体-GB2312”“加粗”“22 号”“双下画线”。选择一种图案颜色和样式填充该单元格。

③为“条件统计”单元格插入批注，内容为“可以求和或求个数”。

④双击列标线调整列宽使其适合内容宽度，调整行高，再设置表中所有内容在水平和垂直方向都居中。

⑤选定 F3:J3 单元格区域，单击“复制”按钮，再选定该表中的一个空白单元格，在“粘贴”选项中选择“转置”按钮，为转置后的单元格区域添加图中所示的“课程名”和“学分”内容，并为此区域套用“单元格样式”中的“输入”。

提示

转置操作中粘贴区域必须在复制区域之外，而且只需选定一个单元格即可。

⑥为工作表区域 A3:O19 套用表格格式中的“表样式浅色 20”。选定 F 列中数据的数值在 60 以下的单元格，套用“单元格样式”中的“差”，用以突出不及格信息。效果如图 14-2 所示。

	A	B	C	D	E	F	G	H	I	J	K	L	M	N	O
1							学生成绩表								
2							制表日期:	2018-04-25							
3	学号	姓名	性别	届	班	数学	英语	计算机	体育	语文	总分	均分	排名	总评	奖学金等级
4	201301101	高尚	女	2013	11	67	77	76	80	86					
5	201301102	中东	男	2013	11	77	78	76	75	79					
6	201301103	吴晧	男	2013	11	87	85	73	69	81					
7	201401204	张娟	女	2014	12	78	79	80	73	66					
8	201401205	张江洋	男	2014	12	45	38	67	64	70					
9	201401301	景泰红	女	2014	13	65	70	77	60	70					
10	201401302	邓海	男	2014	13	50	77	70	65	70					
11	201501403	刘可	女	2015	14	87	90	80	84	79					
12	201501404	李砂国	男	2015	14	69	70	78	73	68					
13	201501405	要强	男	2015	14	88	86	78	89	96					
14	201501406	伍佰	男	2015	14	65	63	76	70	78					
15	201501407	智者聪	女	2015	14	79	80	87	84	74					
16	人数统计														
17	条件统计														
18	最低分														
19	最高分														
20															
21															
22															
23	课程名	学分													
24	数学	6													
25	英语	6													
26	计算机	4													
27	体育	3													
28	语文	2													

图 14-2　格式化后的工作表

（3）条件格式的设置。

①将“基本表”中 A3:C15 和 E3:J15 两个单元格区域的内容（不包括格式）一次操作复制到 Sheet3 中相应的位置，工作表重命名为“条件格式”。

②对 E4:E15 单元格区域中的数据应用条件格式的“突出显示单元格规则”突出显示重复值。

③对 F4:F15 单元格区域中的数据应用条件格式的“新建规则”，将“低于平均值”的单元格设置为“黄填充色红色文本”。

④对 I4:I15 单元格区域中的数据应用条件格式　“数据条”下“渐变填充”中的“浅蓝色数据条”。

⑤对 G4:G15 单元格区域中的数据应用条件格式的“新建规则”，格式样式选择“三色刻度”，最小值的颜色选红色，最大值的颜色选绿色。

⑥将 H4:H15 单元格区域中的数据应用条件格式中的“新建规则”，选择图标集中的彩色四向箭头表示 4 个数据段的值，按照如图 14-3 所示进行设置，将本列成绩分为 4 个分数段，每个分数段用不同方向、不同颜色的箭头表示数值的大小。上述各种条件格式设置效果如图 14-4 所示。

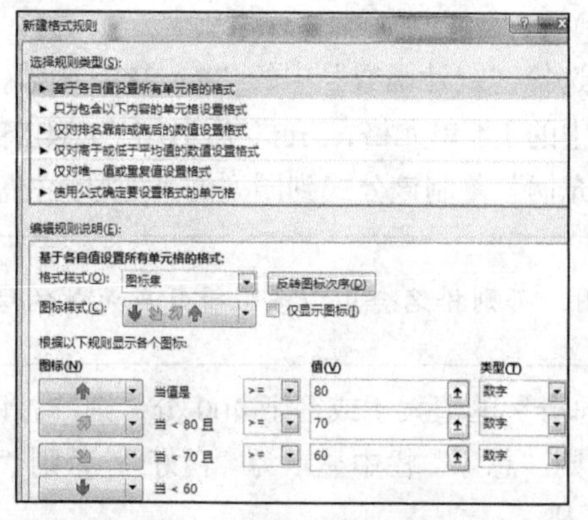

图 14-3　图标集“其他规则”设置

	E	F	G	H	I
2					
3	数学	英语	计算机	体育	语文
4	67	77	76	80	86
5	77	78	76	75	79
6	87	85	73	69	81
7	78	79	80	73	66
8	45	38	67	64	70
9	65	70	77	60	70
10	50	77	70	65	70
11	87	90	80	84	79
12	69	70	78	73	68
13	88	86	78	89	96
14	65	63	76	70	78
15	79	80	87	84	74

图 14-4　各种条件格式设置效果

也可用快速分析工具，对单元格区域进行条件格式设置，但使用效果是系统默认的，可以与用户自定义的效果进行对比。

（4）插入对象。

在“条件格式”工作表中插入一个 SmartArt 图形，选择“列表”下的“垂直 V 形列表”或其他图形，向其中输入图 14-5 所示的内容（也可自行编写）。图形应用“SmartArt 样式”中的“三维”“嵌入”效果。

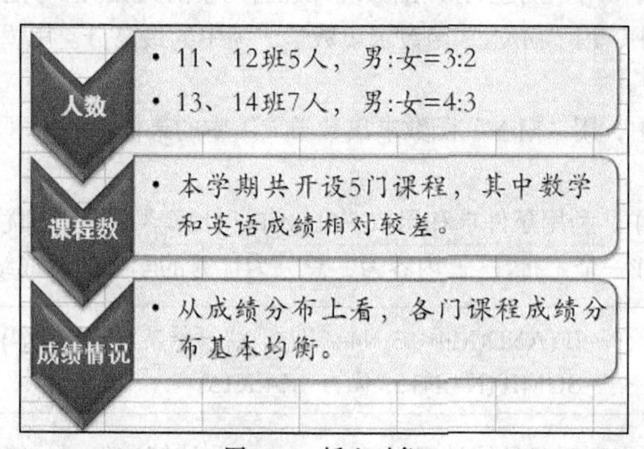

图 14-5　插入对象

将“基本表”中的 A3:O19 单元格区域内容复制到 Sheet4 中，为该区域单元格添加“所有框线”，设置内容为“居中”，并将 Sheet4 重命名为“计算”。

（5）公式的编制与使用。

①选定 F4:J15 单元格区域，利用“自动求和”按钮，求出每位学生的总分。

②选定 L4 单元格求均分，分别练习用输入公式的方法、“自动求和”组中的“平均值”按钮、函数“AVERAGE”求平均值。

③用“填充柄”将均分公式复制给其他学生。

④将“均分”一列中的数字保留一位小数。

利用“自动求和”按钮进行计算时，要选定比求和数据多一行或一列的区域，以便存放结果。对一个连续区域中的数据进行求和时，用“自动求和”按钮非常方便。比较求平均值的几种方法，找出最简单的一种。

（6）函数的使用。

①选定 M4 单元格，从“插入函数”对话框中选择“统计函数”中的“RANK”函数，在打开的对话框中“number”后的文本框中引用工作表中的 L4 单元格，“ref”后引用“L$4:L$15”，确定后即可计算出第一位学生的排名序号。用“填充柄”复制该公式到同列的其他单元格。

“ref”后的单元格区域必须用绝对引用，否则排名会出现多位重复或无效的结果。

②在 N4 单元格中用“IF”函数判断：如果“总分”的值大于或等于 400 分，则“总评”栏中显示为“优秀”；若“总分”大于或等于 360 分，则“总评”栏中显示为“良好”；否则“总评”栏中显示为“一般”。复制该公式到同列的其他单元格。

若要使用 IF 函数的嵌套，可参考公式=IF(K4>=400,"优秀",IF(K4>=360,"良好","一般"))。这两个条件的前后顺序不能互换。

③在 O4 单元格中，用“IF”和“AND”函数判断：“排名”在前 3 位，同时“总评”为优秀的学生的“奖学金”栏中显示为“一等奖学金”，否则显示“无”。用填充柄复制该公式到本列的其他单元格。

④在 B16 单元格中，用“COUNTA”函数统计姓名列中的人数。思考能否使用 COUNT 函数？

⑤在 F17 单元格中，用“MAX”函数求出数学成绩中的最高分。用“填充柄”将公式复制到 G17:J17 单元格区域中。

⑥在 F18 单元格中，用“MIN”函数求出数学成绩中的最低分。用“填充柄”将公式复制到 G18:J18 单元格区域中。

⑦在 K19 单元格中，利用条件求和函数“SUMIF”计算“总评”为优秀的学生的“总分”之和，并为该单元格添加一个“批注”，内容为“总分为优秀的学生的总成绩”。

参考公式：=IF(AND(M4<=3,N4="优秀"),"一等奖学金","无")

=SUMIF(N4:N15,"优秀",K4:K15)

⑧在 O19 单元格中利用条件统计函数“COUNTIF”计算获得“一等奖学金”的学生人数，并为该单元格添加一个“批注”，内容为“一等奖学金的人数”。

⑨利用“COUNTIFS”函数计算不同总评结果中的男女人数，如图 14-6 所示（自行编写公式）。

⑩在本表适当的单元格中用“TODAY”函数插入系统当天日期。

各总评结果中男女人数：		
性别	总评	人数
男	优秀	1
男	良好	2
男	一般	4
女	优秀	2
女	良好	2
女	一般	1

图 14-6　COUNTIFS 函数计算

⑦用向上舍入函数“ROUNDUP”将均分取整（在表格右插入一列）。

参考公式=COUNTIF(O4:O15,"一等奖学金")。

（7）公式的审核。

对 N4 单元格进行追踪引用单元格和追踪从属单元格，并对该单元格查看公式求值过程，了解函数是如何分步进行计算的，计算结果如图 14-7 所示。

	B	C	D	E	F	G	H	I	J	K	L	M	N	O	P
3	姓名	性别	届	班	数学	英语	计算机	体育	语文	总分	均分	排名	总评	奖学金等级	均分向上取整
4	高尚	女	2013	11	67	77	76	80	86	386	77.2	5	良好	无	78
5	中东	男	2013	11	77	78	76	75	79	385	77	6	良好	无	77
6	吴晧	男	2013	11	87	85	73	69	81	395	79	4	良好	无	79
7	张娟	女	2014	12	78	79	80	73	66	376	75.2	7	良好	无	76
8	张江洋	男	2014	12	45	38	67	64	70	284	56.8	12	一般	无	57
9	景泰红	女	2014	13	65	70	77	60	70	342	68.4	10	一般	无	69
10	邓海	男	2014	13	50	77	70	65	70	332	66.4	11	一般	无	67
11	刘可	女	2015	14	87	90	80	84	79	420	84	2	优秀	一等奖学金	84
12	李砂国	男	2015	14	69	70	78	73	68	358	71.6	8	一般	无	72
13	要强	男	2015	14	88	86	78	89	96	437	87.4	1	优秀	一等奖学金	88
14	伍佰	男	2015	14	65	63	76	70	78	352	70.4	9	一般	无	71
15	智者聪	女	2015	14	79	80	87	84	74	404	80.8	3	优秀	一等奖学金	81
16	12														
17					88	90	87	89	96						
18					45	38	67	60	66						
19										1261				3	
20															
21															
22															
23	各总评结果中男女人数：													更新日期	
24														2018/5/15	
25	性别	总评	人数												
26	男	优秀	1												
27	男	良好	2												
28	男	一般	4												
29	女	优秀	2												
30	女	良好	2												
31	女	一般	1												

图 14-7　计算结果

（8）练习其他函数的用法。

①利用“SQRT”函数计算 375 的平方根。

②用“FACT”函数计算 10 的阶乘。

③用“ABS”和“LOG10”函数计算以 10 为底的 0.02 的对数的绝对值。

3. 问题解答

（1）如何进行取消合并单元格的操作？

解答：选定已合并的单元格，打开“单元格格式”对话框，在“对齐”标签中取消选中“合并单元格”复选框或再次单击“合并后居中”按钮。

（2）如何建立工作表的复杂表头？

解答：对于规模比较庞大、结构比较特殊的工作表，一般需要分块进行操作。绘制表头的斜线要使用“绘图”中的直线工具，表头区每个单元格中的内容可能有不同的对齐方式。为使整个表头区成为一个整体，只能为该表头区添加加外部框线。可为每个区域根据不同的需要添加不同的边框线型。

（3）如何隐藏表格中的辅助线?

解答：在“视图”选项卡下的“显示”组中，取消勾选“网格线”前的复选框。

（4）使用“SUM”函数需要注意哪些事项。

解答：使用“SUM”函数需要注意以下几点。

①直接输入到参数表中的数字、逻辑值及数字的文本表达式将被计算。

②如果参数为数组或引用，则只有其中的数字被计算，数组或引用中的空白单元格、逻辑值、文本或错误值将被忽略。

③如果参数为错误值或为不能转换成数字的文本，将会导致错误。

（5）使用“AVERAGE”函数需要注意哪些事项?

解答：使用“AVERAGE”函数需要注意以下几点。

①参数可以是数字，或者是包含数字的名称、数组或引用。

②如果数组或引用参数包含文本、逻辑值或空白单元格，则这些值将被忽略；但包含零值的单元格将被计算在内。

（6）如何确定使用“相对引用”还是“绝对引用”？

解答：在单元格的“相对引用”方式中，当生成公式时，对单元格或区域的引用是基于它们与公式单元格的相对位置，当将公式复制到新的位置时，公式中引用的单元格地址相对发生变化；如果引用的是特定位置处的单元格，不希望在复制公式的过程中引用发生变化，就要进行单元格的“绝对引用”，即在所引用的单元格的行号或列标前加“$”号来固定行或列。在有些公式或函数中，可能需要混用“相对引用”和“绝对引用”。

（7）使用函数的关键是什么?

解答：有两点是关键——函数的功能和格式。在“插入函数”对话框中，先选择要使用的函数所属的类别；再选定该类别下的一种函数，对话框中还会列出有关该函数功能的帮助说明；确定后，在打开的对话框中，单击每个文本框，对话框下方都有关于该处的提示信息，据此填写内容。

4. 思考题

（1）“粘贴”选项中有哪些功能?

（2）“条件格式”有哪些作用?

（3）如何套用“表格样式”或“单元格样式”？

（4）如何进行“函数嵌套”？

（5）在什么情况下使用“公式”，在什么情况下使用“函数”？

（6）在本实验的“公式的编制”中，如果没有求出“总分”，而是直接计算“均分”，公式应该如何编制?

（7）如果在“函数的使用”中的第①步中引用的单元格不加“$”号，直接将该公式复制给下面的单元格时，会出现什么情况?

（8）为什么输入公式后会出现“#NAME?”的错误信息提示?

实验 15　Excel 中图表的使用

1. 实验目的

（1）掌握图表的插入、删除、修改等操作。

（2）学会编辑和格式化图表。

（3）了解不同类型图表的使用。

（4）学会使用“迷你图”。

2. 实验内容

从“计算”工作表中将 A3:C15 和 E3:L15 单元格区域中的内容复制到 Sheet5 中，并将该表重命名为“图表”。

（1）创建柱形图。

①选定 B3:B15 和 E3:E15 两个不连续的单元格区域，插入一个“三维簇状柱形图”。

实验 15　图表的使用

②删除其中的图例，调整“绘图区”的大小。

③对水平轴，在“设置坐标轴格式”对话框的“对齐方式”中，选择“文字方向”为“堆积”，设置垂直对齐方式为“中部居中”。

④从“图表布局”选项卡的“添加图表”组中选择“坐标轴标题”，为两个坐标添加标题内容。添加“数据标签”，只显示值，设置填充和边框均为“无”。

⑤只选定“要强”同学的图柱，在“设置数据点格式”窗格中将其填充色改为“红色渐变”，在“效果”中选择“三维格式”，如图 15-1 所示。

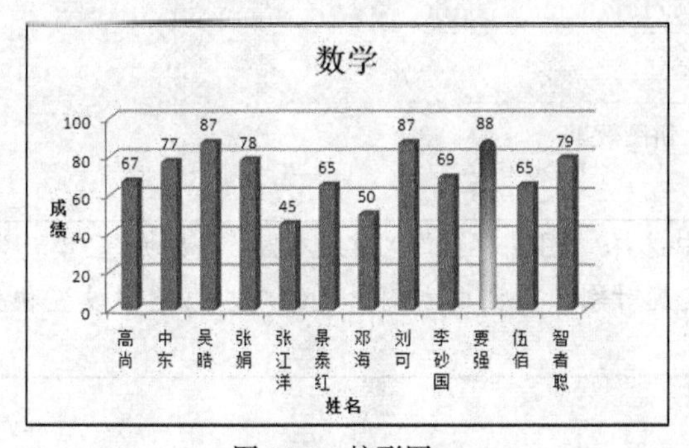

图 15-1　柱形图

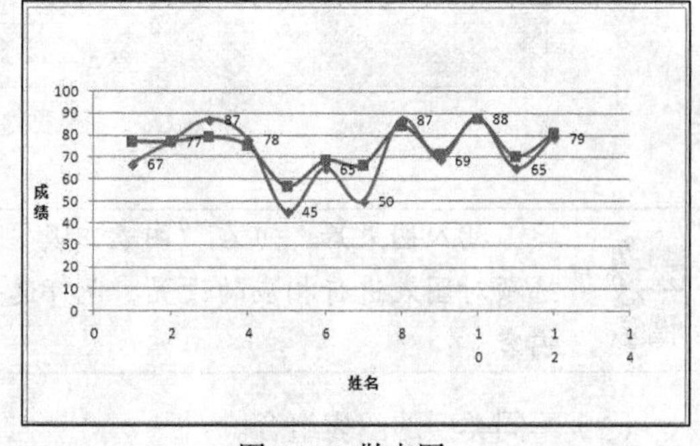

图 15-2　散点图

按下【Ctrl】键选择不连续区域，可以为不连续的单元格区域生成图表。但是所选定的非相邻单元格或区域拼在一起必须能够构成矩形。

可使用鼠标移动并调整图表区、图形区、图例的大小，也可使用鼠标移动标题，但不能调整大小。

选择单个数据点的快捷操作方法是两次不连续的单击。

⑥复制图表，将复制后的图表类型修改为“xy 散点”图中的“带平滑线和数据标记的散点图”。设置“数据系列格式”，在“数据标记填充”项选择“依数据点着色”项。

⑦复制上述散点图，在复制后的图表中增加一列数据“均分”，用于比较每位学生数学成绩与平均成绩的偏差，如图 15-2 所示。

（2）创建饼图。

①选定“姓名”和“均分”两列，创建一个“三维饼图”。在设置数据系列格式中选择“饼图分离”30%，将代表“要强”同学的饼图单独抽离出来，并填充一种纹理效果。

②套用图表布局中的“布局 1”，在图表中显示姓名和均分的值，再在“设置数据标签格式”窗格中选定“标签包括百分比”，取消“值”选项，并重新选择标签的位置。将标签的字体改为楷体。

③为“图表区”填充“图案填充”中的“点式菱形网格”。增加图表标题，输入内容并对字体进行格式设置。最终效果如图 15-3 所示。

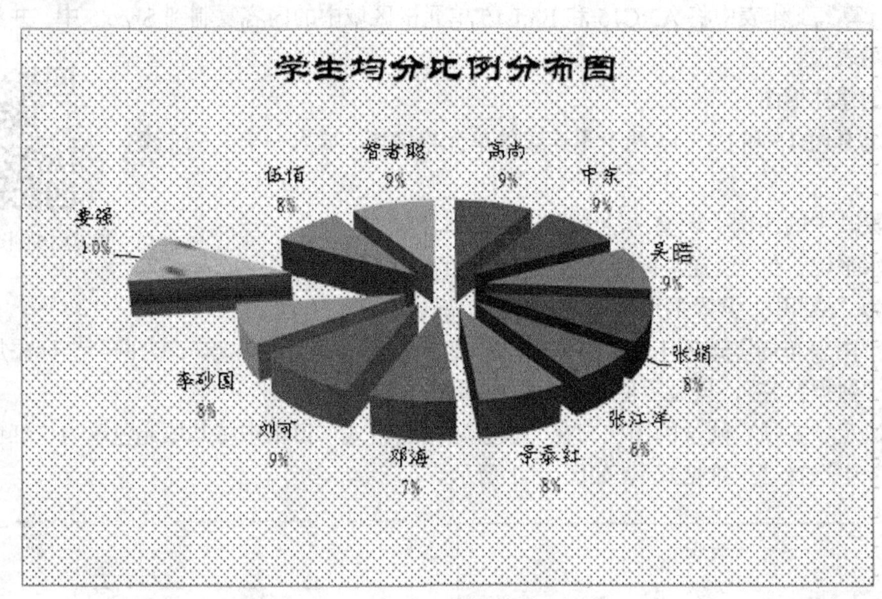

图 15-3　饼图效果

提示

插入图表后，可在“图表工具”中选择“图表样式”“图表布局”“数据”“类型”选项对图表进行相应的设置，也可选定某对象，在窗口右侧出现的对应窗格中设置相关内容。

（3）不同类型的图表组合。

①选定“姓名、数学、英语、计算机、体育、语文”及其数据所在的不连续单元格区域，插入一个“二维堆积柱形图”。

②选定表示“数学”的柱形系列，将其更改为“折线图”，并修改折线的粗细和颜色。

③在“图表样式”中应用“样式 8”，修改图表标题内容。

④在“图表布局”中选择“布局 9”，并设置“数据标签”为“居中”，这样就可使每位学生每门课程的成绩显示在图表中，最终效果如图 15-4 所示。

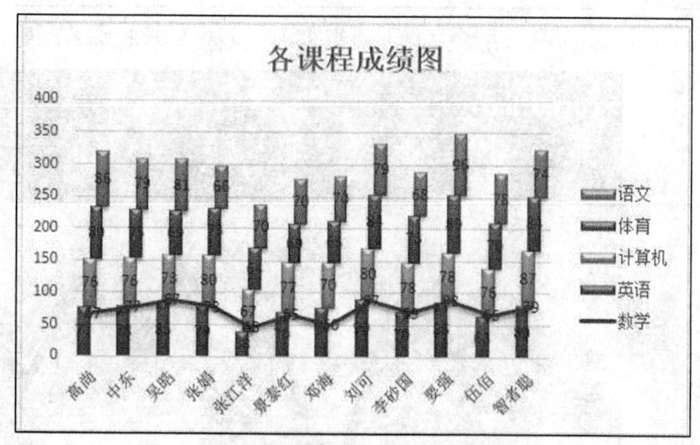

图 15-4　不同类型图表的组合效果

（4）箱形图观察成绩分散情况。

①选定“数学、英语、计算机、体育、语文”及其数据所在的单元格区域，插入一个“箱形图”。

②应用“快速布局”中的“布局 5”，并修改每个数据系列的填充颜色。

③添加“主轴次要水平网格线”，以便准确观察数据值，删除水平数值轴。

④设置数据系列格式，显示内部点。

最终效果如图 15-5 所示。请解读箱形图的构成，指出最高值、最低值、中值、平均值等。英语成绩有一个数据点散在箱形之外，请读者思考这意味着什么？

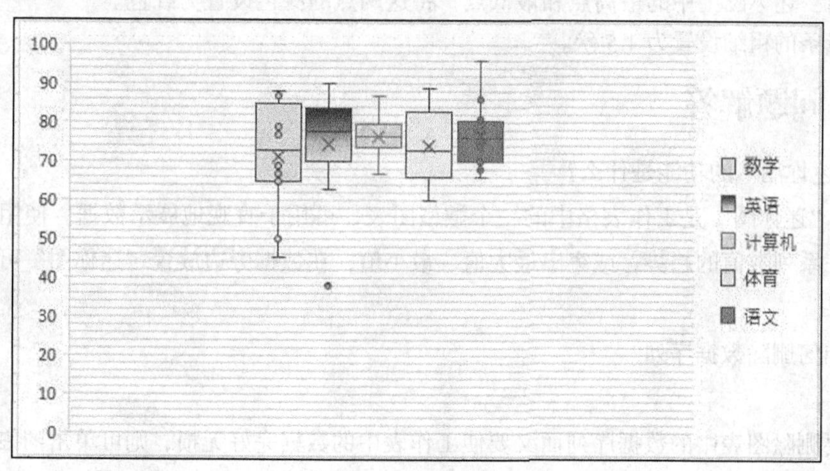

图 15-5　箱形图效果

（5）Excel 元素与图表元素的结合。

复制如图 15-4 所示的图表到一张新的工作表中，图表左上角置于某单元格左上角（按住【Alt】键不放，再拖动图表可将其“锚定”在网格点上），设置图表区格式属性为“随单元格改变位置，但不改变大小”（思考为什么这样设置？）。更改图表类型，删除图表标题、数据标签、网络线等，改变图例位置，改变数值轴刻度。将 Excel 中的一些元素融入其中，例如，改变某些行和列的高度和宽度，使之与图表格线保持一致，进行改变单元格的填充色、添加文字等操作，最后制作出一个别具特色的图表，如图 15-6 所示。

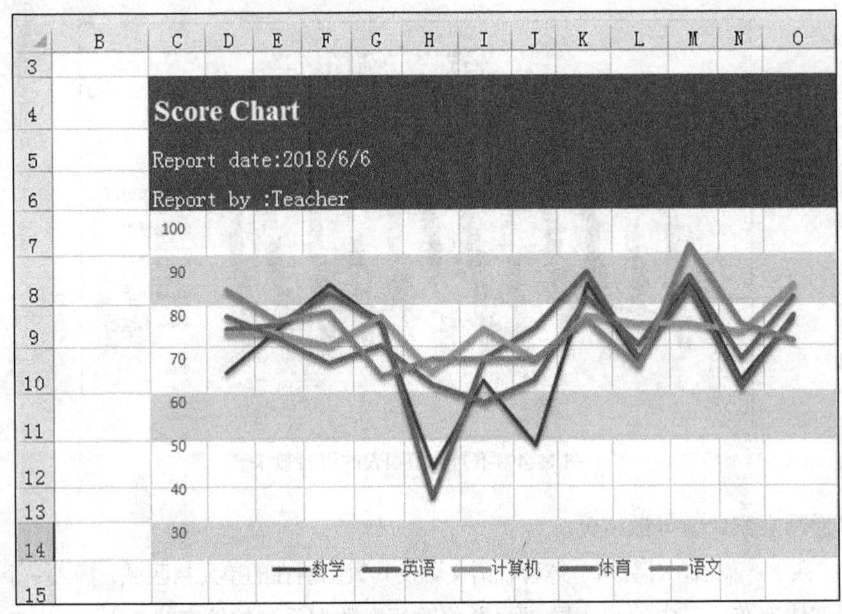

图 15-6　融入 Excel 元素的图表

（6）迷你图。

①选定 K4:K15 单元格区域，插入“迷你图”中的“折线图”，“迷你图”的位置选择 K16 单元格。

②标出“迷你图”中的最高点和最低点，将这两点的颜色设置为红色。

③将线条的粗细设置为 1.5 磅。

3. 问题解答

（1）“迷你图”的功能是什么？

解答：“迷你图”是工作表格中的一个微型图表，可用于直观地展示数据。使用“迷你图”可以显示一系列数值的趋势，或突出最大值、最小值，在数据旁边放置“迷你图”可达到更直观的展示效果。

（2）如何删除数据序列？

解答：

①若要删除图表中的数据序列而又要使工作表中的数据完好无损，则可单击图表中要删除的数据序列，然后按【Delete】键即可。

②若要将工作表中的某个数据序列与图表中的数据序列一起删除，则选定工作表中的数据序列所在的单元格区域，然后按【Delete】键即可。

（3）工作表中的数据被修改后，相关联的图表会不会改变？

解答：图表是基于工作表而生成的，两者的数据是相互关联的，所以工作表中的数据被修改后，图表中的数据也会随之自动更新。

（4）如何正确使用图表？

可参考图 15-7 所示的使用导向图。

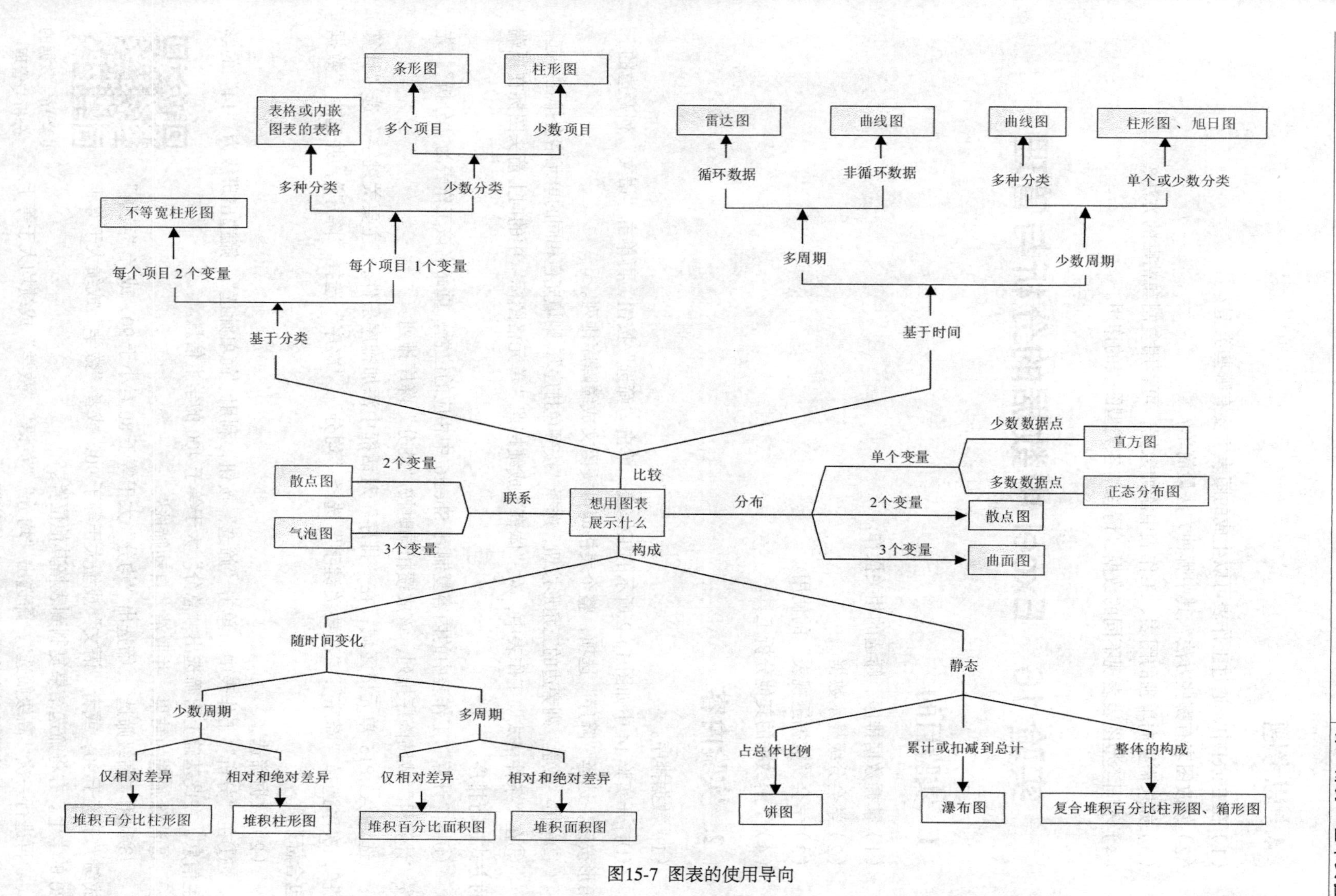

图15-7 图表的使用导向

4. 思考题

（1）在 Excel 中，通过工作表可以生成的图表主要有哪些类型？

（2）修改图表有哪些方法？其中哪种方法最简单？

（3）如果需要向单独的图表、工作表中添加数据，可否用复制和粘贴的方法？

（4）不同类型图表表现不同的数据，请总结各类型图表的作用。

实验 16　Excel 中数据的分析与管理

1. 实验目的

（1）掌握数据排序、筛选的相关操作。

（2）学会分级显示数据。

（3）学会“数据透视表”的使用。

（4）了解数据的其他分析工具。

2. 实验内容

（1）数据排序。

①打开实验 14 中如图 14-2 所示的工作表，单击“筛选”按钮，再单击“语文”列旁边的三角形按钮，选择“降序”选项，整个表格即可按语文成绩降序排列。

②单击“数学”列旁边的三角形按钮，选择“按颜色排序”，则填充色相同的单元格会排在一起。

③在“条件格式”工作表中，对“体育”成绩按照“单元格图标”中的向上箭头图标在顶端的方式进行排序。

④将“计算”工作表中的内容复制到 Sheet6 中相应的位置，重命名该工作表为“分析”。先按“计算机”成绩降序排列，该成绩相同时按“均分”降序排列。

选定 A3:P15 单元格区域，在“排序”对话框中添加排序条件，“主要关键字”选“计算机”，次序选择“降序”；“次要关键字”选择“均分”，“次序”选择“降序”，并选中“数据包含标题”。

（2）数据筛选。

①在“分析”工作表中，单击“筛选”按钮，利用“简单筛选”，筛选出班级为“14”的学生信息，在此基础上再筛选出“总分”大于等于 400 的学生信息。

②清除筛选的结果，并取消“自动筛选”。

③利用“高级筛选”，筛选出“均分”大于等于 80 且小于 90，或者“英语”成绩大于等于 90，或者“语文”成绩大于等于 90，或者“数学”成绩大于等于 80 的学生。并将筛选结果复制到表格其他位置。

实验 16　数据的分析与管理

再进行一次“高级筛选”，筛选出“均分”“英语”“数学”成绩均大于等于 80 的学生。并将筛选结果复制到表格其他位置。

每个条件输入在对应的字段名下，同一行的所有条件之间是“与”的关系（见图 16-1 右图），不同行的条件之间是“或”的关系（见图 16-1 左图），一个单元格中只能输入一个条件。

均分	均分	英语	语文	数学
>=80	<=90			
		>=90		
			>=90	
				>=80

均分	英语	数学
>=80	>=80	>=80

图 16-1　“或”条件区域（左图）和“与”条件区域（右图）

（3）数据分级显示。

①分组显示：在“分析”工作表中，选定 A4:P15 单元格区域，创建组（按行）。单击“分级显示”组中的 “隐藏明细数据”按钮，观察表中的汇总数据。再单击“显示明细数据”按钮，然后“取消组合”，使表格恢复原状。

②分类汇总：要求按“总评”分类，汇总方式为“计数”。先依据“总评”进行排序，再选定 A3:N15 单元格区域进行“分类汇总”，设置如图 16-2 所示，结果如图 16-3 所示，分类显示明细及汇总数据。单击窗口左上方的 1、2、3 按钮或折叠、展开按钮观察数据。

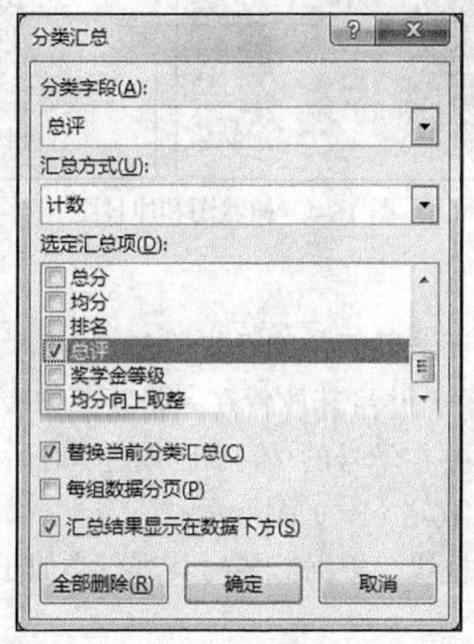

图 16-2　“分类汇总”对话框

	A	B	C	D	E	F	G	H	I	J	K	L	M	N
1														
2														
3	学号	姓名	性别	届	班	数学	英语	计算机	体育	语文	总分	均分	排名	总评
4	201501403	刘可	女	2015	14	87	90	80	84	79	420	84	2	优秀
5	201501405	要强	男	2015	14	88	86	78	89	96	437	87.4	1	优秀
6	201501407	智者聪	女	2015	14	79	80	87	84	74	404	80.8	3	优秀
7													优秀 计数	3
8	201401205	张江洋	男	2014	12	45	38	67	64	70	284	56.8	12	一般
9	201401301	景泰红	女	2014	13	65	70	77	60	70	342	68.4	10	一般
10	201401302	邓海	男	2014	13	50	77	70	65	70	332	66.4	11	一般
11	201501404	李砂国	男	2015	14	69	70	78	73	68	358	71.6	8	一般
12	201501406	伍佰	男	2015	14	65	63	76	70	78	352	70.4	9	一般
13													一般 计数	5
14	201301101	高尚	女	2013	11	67	77	76	80	86	386	77.2	5	良好
15	201301102	中东	男	2013	11	77	78	76	75	79	385	77	6	良好
16	201301103	吴晧	男	2013	11	87	85	73	69	81	395	79	4	良好
17	201401204	张娟	女	2014	12	78	79	80	73	66	376	75.2	7	良好
18													良好 计数	4
19													总计数	12

图 16-3　分类汇总结果

在进行“分类汇总”操作前，首先要将数据列表进行排序，以便将要进行分类汇总的记录组合到一起。

③单击左窗口的第 2 层按钮，只显示出汇总行的数据，选定 M7:N19 单元格区域，先按【Alt+;】组合键（英文标点的分号），然后执行复制操作，在一个新的空白区域中进行粘贴，结果如何？如果选定区域后直接进行复制、粘贴操作，结果又如何？说明【Alt+;】组合键起了什么样的作用？

比较一下“分组显示”和“分类汇总”在功能上有什么不同。

④选定上一步复制出的统计数据区域，插入一个树状图，为其添加图例项，修改图表样式，添加数据标签的值。复制该图表，更改图表类型为旭日图，删除图例项，改变图表标题内容，根据自己的需要设置图表区及数据系列格式。两者的比较结果可参看图 16-4 所示。

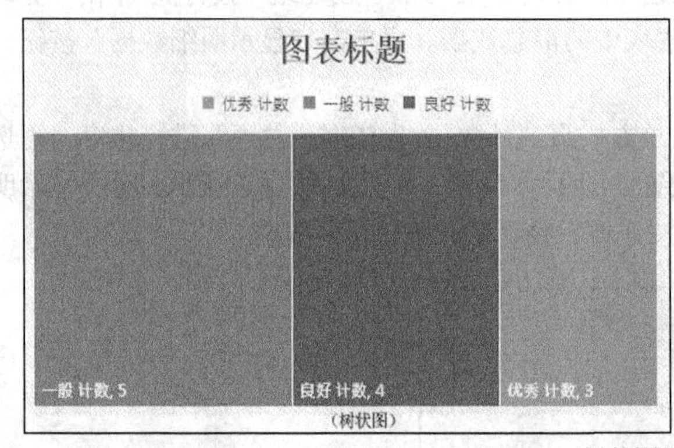

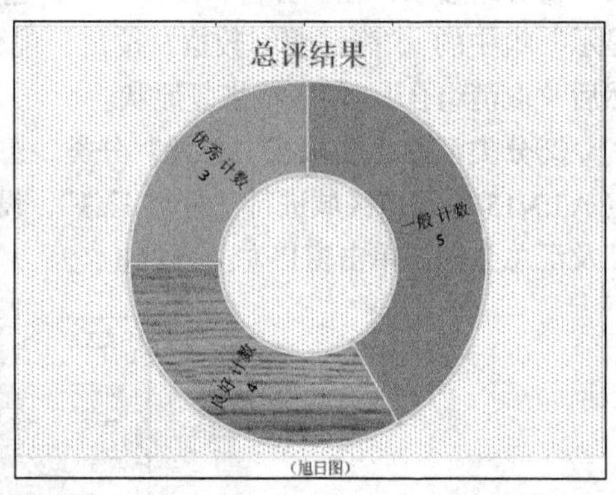

图 16-4　树状图和旭日图

（4）数据透视表。

①要求汇总各班级中不同总评结果下各等级奖学金的人数。选定“计算”工作表中的 A3:O15 单元格区域，插入“数据透视表”，并将其放置在一张新工作表中。按照题意要求，透视表中各区域字段的选择如图 16-5 所示，并在学号的“值字段设置”对话框中的“值汇总方式”中选择“计数”项。数据透视表的结果如图 16-6（上）图所示。

②为该透视表区域添加所有框线，根据需要对其进行类似于普通工作表的格式设置，将工作表重命名为“数据透视表”。

③查看各班的数据情况。在“筛选”区域中增加一个字段：届，通过这个字段可查看不同届、不同班的学生总评及奖学金情况。

④为透视表插入“切片器”，切片依据的字段为“性别”，通过这个字段可查看不同性别的数据情况。

⑤生成数据透视图：选定透视表中某单元格后，从“工具”组中插入“数据透视图”，设置类型为“簇状柱形图”。在图表中对不同字段进行筛选，动态地观察图表显示的内容。试一试能否通过数据透视表生成旭日图和树状图等图表。

⑥改变各区域的字段，例如，筛选区域中变为总评和届、行区域中变为姓名、列区域中变为班、值区域中变为总分，对总分进行平均值计算，保留两位小数，应用一种透视表样式（例如，数据透视表样式浅色 7，镶边列），结果会如何？通过查看这个数据透视表，读者可从中体会到数据透视表强大的查看灵活性和数据汇总功能。参考结果如图 16-6（下）图所示。读者还可以根据

自己的想法改变各区域字段及其他内容，观察数据透视表有何变化。

对于同一个操作要求，Office 提供了多种操作途径来实现，例如，可从各个选项卡的各选项组中，或者可从快捷菜单中，甚至还可以从一些快捷工具按钮中选择合适的工具。

（5）单元变量求解。

要求：对于一个函数 $z=3x+4y+1$，若要计算当 $z=21$，$y=2$ 时 x 的值，则可利用 Excel 的单变量求解功能实现。

①在上述工作簿中再插入一张工作表，表名为“高级应用”。向表格中输入如图 16-7 所示的内容。

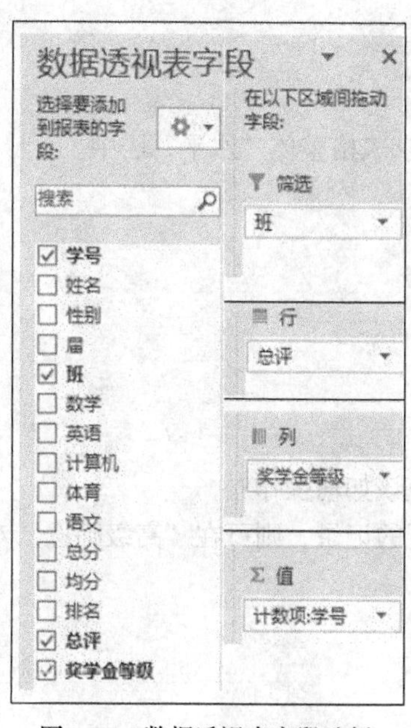

图 16-5　数据透视表字段选择

	A	B	C	D
1	班	(全部)		
2				
3	计数项:学号	列标签		
4	行标签	无	一等奖学金	总计
5	良好	4		4
6	一般	5		5
7	优秀		3	3
8	总计	9	3	12

（上）

	A	B	C	D	E	F
1	总评	(全部)				
2	届	(全部)				
3						
4	平均值项:总分	列标签				
5	行标签	11	12	13	14	总计
6	邓海			332.00		332.00
7	高尚	386.00				386.00
8	景泰红			342.00		342.00
9	李砂国				358.00	358.00
10	刘可				420.00	420.00
11	吴晧	395.00				395.00
12	伍佰				352.00	352.00
13	要强				437.00	437.00
14	张江洋		284.00			284.00
15	张娟		376.00			376.00
16	智者聪				404.00	404.00
17	中东	385.00				385.00
18	总计	388.67	330.00	337.00	394.20	372.58

（下）

图 16-6　两个数据透视表

②在目标单元格 C2 中输入函数的表达式，并向变量 y 的值所在的单元格 C3 中输入 2，执行“数据”→“预测”→“模拟分析”→“单变量求解”命令，在对话框中添加图 16-8 所示的内容，求解结果如图 16-9 所示。

③图 16-10 所示的可变单元格 C4 中的值就是本题的解。试一试，当改变任一变量的值时，观察函数的值会如何变化。

	A	B	C
1		变量名	值
2	函数	z	=3*C4+4*C3+1
3	变量1	y	
4	变量2	x	

图 16-7　工作表

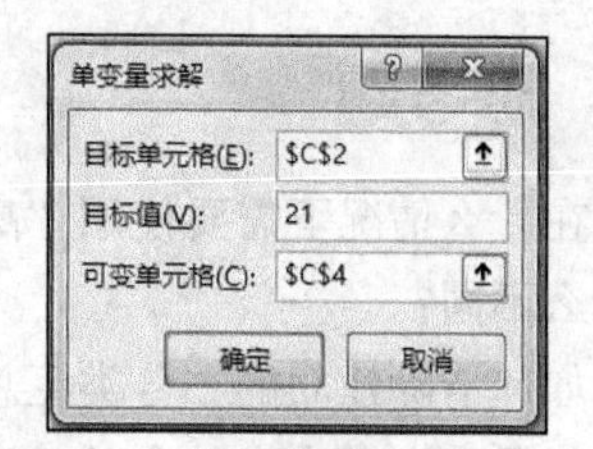

图 16-8　“单变量求解”对话框

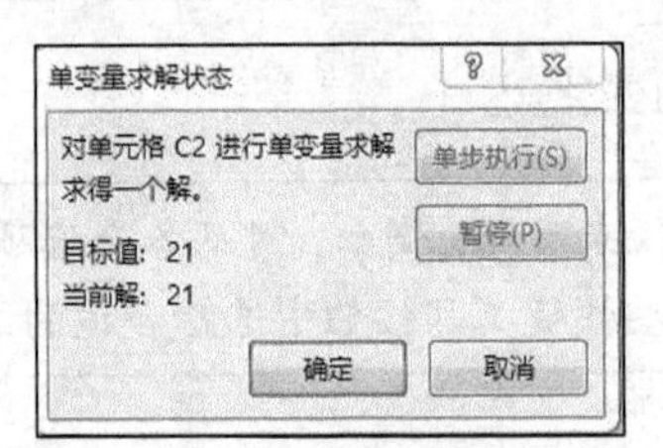

图 16-9 “单变量求解”结果对话框

	A	B	C
1		变量名	值
2	函数	z	21
3	变量1	y	2
4	变量2	x	4

图 16-10 求解结果

（6）快速分析数据。

复制“计算”工作表，选定 K3:K15 单元格区域，利用区域下角的“快速分析工具”对该区域中的数据进行各项数据分析，包括格式化、图表、汇总、表格、迷你图，具体分析内容可自行决定。

（7）规划求解。

仿照教材中的实例进行练习。

（8）页面设置。

①为“基本表”添加背景图片。

②页面打印方向为“横向”，选择一种预设的页边距，并要求表格整体“水平”居中。

③在页脚处插入日期及文件名，适当修改页脚格式。

④进行打印预览。

3. 问题解答

（1）切片器的功能是什么？

解答：可再依据其他字段浏览数据透视表中的数据。

（2）在进行“高级筛选”时，如果不想筛选重复的记录，应该如何操作？

解答：在对数据列表进行“高级筛选”时，若不想筛选重复的记录，则可在“高级筛选”对话框中，选中“选择不重复的记录”复选框。

（3）使用“分类汇总”可以实现什么功能？

解答：使用 Excel 的“分类汇总”可以实现以下功能。

①创建数据组。

②在数据列表中显示一级组的分类汇总及总和。

③在数据列表中显示多级组的分类汇总及总和。

④在数据列表中执行不同的运算。

（4）如何实现不同的汇总显示？

解答：选定某单元格，在快捷菜单中选择“值字段设置”选项，在弹出的对话框中，在“汇总方式”的“计算类型”列表中重新选择一种汇总方式即可。

4. 思考题

（1）在什么情况下需要使用“高级筛选”功能？进行“高级筛选”的操作和“简单筛选”的操作有什么不同？

（2）如何清除建立的“分类汇总”？

（3）如果表字段中有“合并单元格”的操作，能否进行排序？

（4）打印工作表中的相关内容时应该注意什么？

（5）如何通过“自定义序列”进行排序？

实验 17 演示文稿的设计与制作

1. 实验目的

（1）掌握建立演示文稿、插入不同版式的幻灯片的方法。

（2）学会向演示文稿中添加各种对象。

（3）利用母版、模板、背景等快速修改演示文稿。

（4）掌握演示文稿的美化技巧。

2. 实验内容

本实验与实验 18 用于设计毕业生的“个人应聘”演示文稿。

（1）创建演示文稿。

实验 17 演示文稿的设计与制作

①新建空白的演示文稿，单击加入第 1 张幻灯片。在标题占位符处单击并输入标题文本：×××个人资料（将×××换成自己的名字）。将该文字格式化为“黑体、48 号、黑色、加粗、文字阴影”。在副标题占位符处输入“为应聘工作提供”，将该文字格式化为“华文楷体，24 号”。

②新建第 2 张幻灯片，选择“标题和内容”版式，在标题占位符中输入“目录”。文本内容如图 17-1 所示，可在幻灯片编辑窗格或大纲窗格中输入。

若在大纲窗格中的“目录”文字后面按下回车键，就会产生一张新幻灯片，可右击图标，执行快捷菜单中的“降级”命令，可使其级别降为文本。

③新建第 3 张幻灯片，选择“标题和内容”版式。添加标题内容为“个人基本信息”，单击内容框中的表格占位符，插入一个 5 行 4 列的表格，为表格应用一种样式。利用“表格工具”的“布局”选项调整表格尺寸到合适大小，向其中输入如图 17-2 所示的内容并修改内容格式。

在表格中可以进行的操作有合并某些单元格、调整列宽、将内容中部居中、插入 Office 剪贴画等。如需对插入的对象位置进行精准调整，则可在选定该对象后，按住【Ctrl】键不放，再使用方向键进行移动。

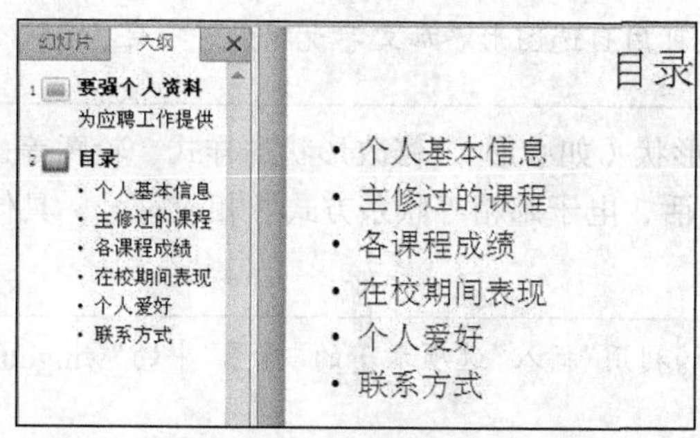

图 17-1 第 2 张幻灯片

图 17-2 第 3 张幻灯片

④新建第 4 张幻灯片，选择“内容与标题”版式。仿照图 17-3 输入标题和内容，并修改格式。单击右框中的“插入 SmartArt 图形”占位符，在“关系”组中选择“分组列表”，样式选择“金属场景”，更改颜色为“彩色填充-个性色 2”，然后向图形中输入如图 17-3 所示的内容。

SmartArt 图形的其他方面可从其设计和格式中按自己的意愿进行设置。

⑤新建第 5 张幻灯片，选择“两栏内容”版式。添加主标题内容为“各课程组平均成绩”，单击左栏中的表格占位符，插入一个 3 行 2 列的表格，表格样式套用“浅色样式 3-强调 6”，输入如图 17-4 所示的内容。单击右栏中的图表占位符，插入一个“三维饼图”，在打开的 Excel 环境中将已有数据用左栏表中内容替换，适当调整数据区域。将生成的图表中的图例位置调整到图表下方。在“设置数据系列格式”中调整饼图分离程度，按自己的喜好改变填充颜色、边框及其他效果。

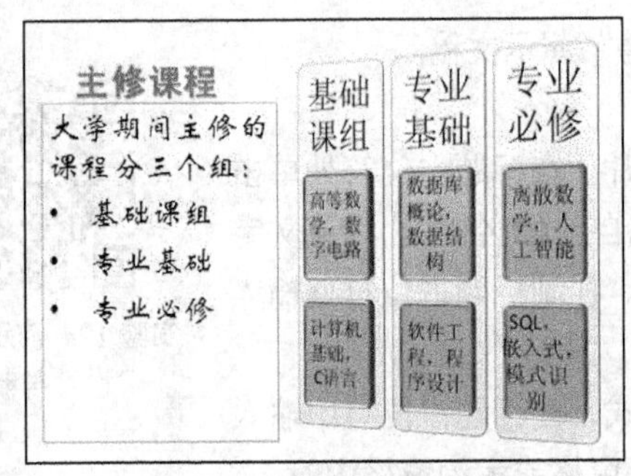

图 17-3 第 4 张幻灯片

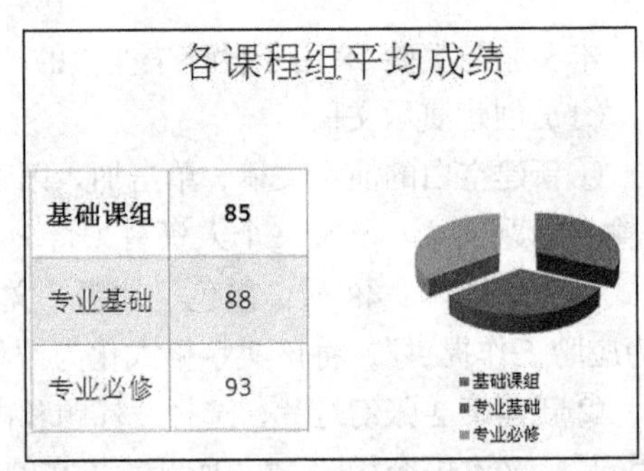

图 17-4 第 5 张幻灯片

图表中的数据可以在此处直接生成，也可先在 Excel 中制作完成后再复制过来，还可以对图表按自己的意愿进行修改。

⑥新建幻灯片，选择“标题和内容”版式。添加标题内容为“在校期间表现”，单击内容框中的 SmartArt 占位符，选择“循环”中的“连续循环”，样式选择“三维嵌入式”，更改颜色为“彩色填充-个性色 6”，输入如图 17-5 所示的内容。

⑦新建幻灯片，选择“仅标题”版式或“标题和内容”版式。标题文本内容为“个人爱好”，向其中插入一些代表自己爱好项目的图片或动画，并分别用 5 次“艺术字”添加相应文字（艺术字格式可以不同），再插入一个音频文件。效果如图 17-6 所示。

此幻灯片中可插入动画或图片，也可用自选图形添加文字说明爱好项目。

⑧最后新建空白版式的幻灯片，插入一种形状（如心形），修改形状的样式、轮廓等，并输入相关内容。再插入文本框，输入住址、电话、电子邮箱等联系方式及相应符号，具体如图 17-7 所示。

用一个自选图形代替标题更显温馨。利用“插入”选项卡下的“符号”中的“wingdings”插入其中的相应符号。

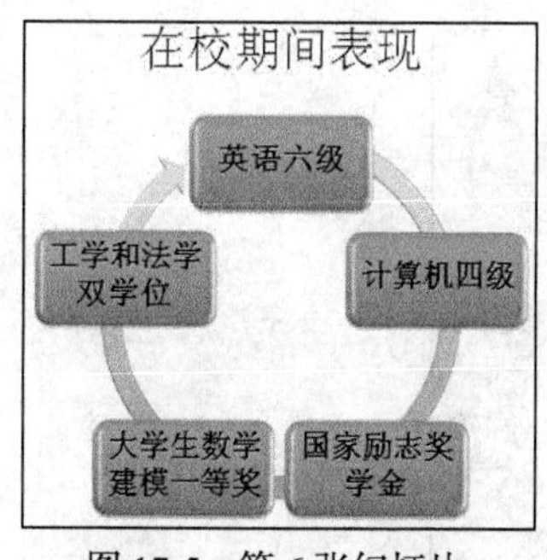

图 17-5　第 6 张幻灯片

图 17-6　第 7 张幻灯片

图 17-7　第 8 张幻灯片

（2）编辑幻灯片。

①新增节。将光标定位在第 6 张幻灯片前，执行 “新增节” 命令，将整个文稿划分为两节。节名称分别为“基本信息”“特殊信息”。

②复制幻灯片。将第 5 张幻灯片复制到其后，修改其中标题为“各课程成绩”，将表格中内容修改为每门课程的名称和成绩，同时修改图表内容及其他格式。

（3）应用主题配色方案。

为所有的幻灯片应用一种主题（注意色彩搭配），则模板中的背景、字体、颜色等都将应用于所有幻灯片。还可以在“变体”选项组中对应用了主题的幻灯片进行修改颜色、主题、字体、背景等操作。选定最后一张幻灯片，在“设置背景格式”选项中为幻灯片填充一个图像文件。

（4）修改母版。

分别选定每种版式的幻灯片，进入“幻灯片母版”，修改每种版式母版中标题及线条的位置、各级文字的格式（包括字号、颜色、字体、项目符号等），并插入一个图标作为专业标识，此处在母版右上角插入一个五角形。插入页眉和页脚，此处页脚中分别插入了日期、幻灯片编号、文本“自立、自信、自强”等内容。幻灯片浏览视图整体效果，如图 17-8 所示，单页设计效果如图 17-9 所示。

在应用模板与母版或背景时，要注意颜色的整体搭配效果。

保存该文件，保存文件名为“应聘文件”。

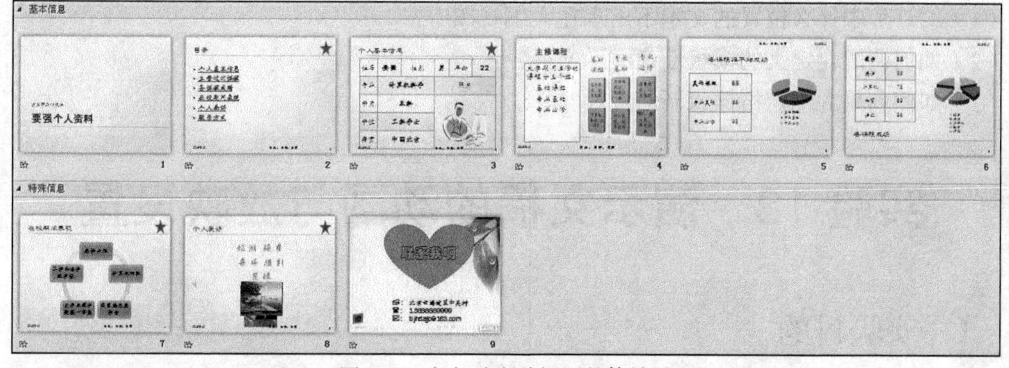

图 17-8　幻灯片浏览视图整体效果

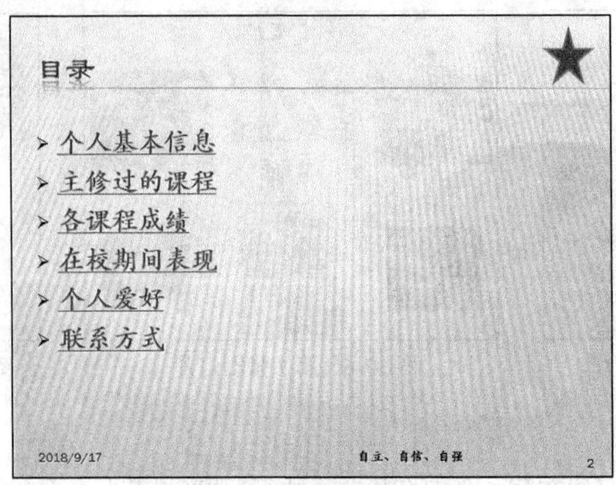

图 17-9　幻灯片单页设计效果

3. 问题解答

（1）制作 PPT 的主要流程有哪些？

解答：PPT 的制作不仅靠技术，更要靠创意和理念。在掌握基本操作后，按照一定的流程融合独特的想法和创意，才能制作出夺人眼球的 PPT。主要流程包括：列出提纲，将提纲输入 PPT，根据提纲添加内容，设计内容，选择合适的母版，美化幻灯片外观，设置动画和切换效果，放映 PPT 进行检查和修改。

（2）如何安排 PPT 的结构？

解答：一份完整的 PPT 主要包括首页、引言、目录、章节、正文、结尾。首页主要用于显示文稿的名称、作用、目的、作者及日期等信息；引言可用于放置简介、宣传语等非正文内容；目录用于列举 PPT 的主要内容，可添加超链接进行页面跳转；章节主要起承上启下，突出主题的作用；正文要显示每章节的主要内容，可使用图表、图形、表格、文字等对象，并可为其添加动画、切换效果等，切不可使用大量的文字；结尾可以是总结，也可以是致谢。

（3）“节”的功能是什么？

解答：使用“节”可以组织幻灯片，就像使用文件夹组织文件一样，可以使用“节”将幻灯片按不同内容或目的分为多组，并且，对“节”的操作也非常方便、实用。

4. 思考题

（1）幻灯片中什么位置的文本不出现在大纲视图中？

（2）如何调用自定义的模板新建演示文稿？

（3）如何利用大纲窗格插入新幻灯片？

实验 18　演示文稿的动画与放映设置

1. 实验目的

（1）学会利用动画方案和高级动画，设置对象的进入、强调、退出等动画。

（2）了解各种声音文件的插入与播放设置。

（3）初步掌握超链接的应用方法。

（4）熟悉设置幻灯片切换的效果，放映和控制幻灯片的方法。

2. 实验内容

打开实验 17 所创建的演示文稿。

（1）为每张幻灯片的对象添加动画效果。

实验 18　演示文稿的动画与放映设置

①为第 1 张幻灯片标题添加动画为“强调”中的“加粗闪烁”，“持续时间”设置为 03.00s，在“动画窗格”中将“开始动作”选择为“从上一项之后开始”。副标题添加动画为“进入”中的“淡入”，并设置动画开始于“从上一项之后开始”。

②为第 2 张幻灯片的文本框内容添加进入动画“缩放”，“效果选项”中选择“幻灯片中心”“按段落”，动画开始于“上一动画之后”，“持续时间”为 01.00s。

③为第 3 张幻灯片的表格添加“进入”中的“形状”，“效果选项”中方向选择“缩小”，形状选择“方框”；为图片对象添加进入时的“擦除”动画，“效果选项”中方向选择“自右侧”。均为“单击时”触发动画。

④为第 4 张幻灯片左栏文本框添加单击时“退出”动画中的“擦除”，在“效果选项”中，方向选择“自右侧”，“序列”选择“作为一个对象”。为右栏的 SmartArt 对象添加“进入”中的“飞入”动画，方向选择“自右侧”，“序列”选择“作为一个对象”，开始于“上一动画之后”，“延迟时间”为 00.50s。

⑤为第 5 张幻灯片的右栏图表对象添加“进入”中的“轮子”动画，“效果选项”选择“2 轮辐图案”，“序列”选择“按类别”，持续时间为 03.00s，动作触发是“上一动画之后”。第 6 张幻灯片动画仿照此设置。

⑥为第 7 张幻灯片中的 SmartArt 对象添加“进入”中的“轮子”动画。

⑦对于第 8 张幻灯片，首先为插入的音频文件设置动画效果，具体设置如图 18-1 所示。

然后将原来的所有图片叠加在一起，为每一张图片及其对应的文字描述分别添加“动作路径”中的某种路线，让每张图片移动到某一位置，文字的动作设置为“从上一项之后开始”。设置后的效果如图 18-2 所示。

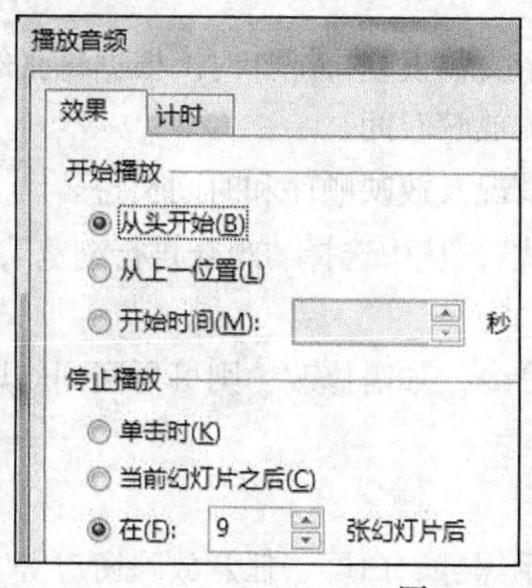

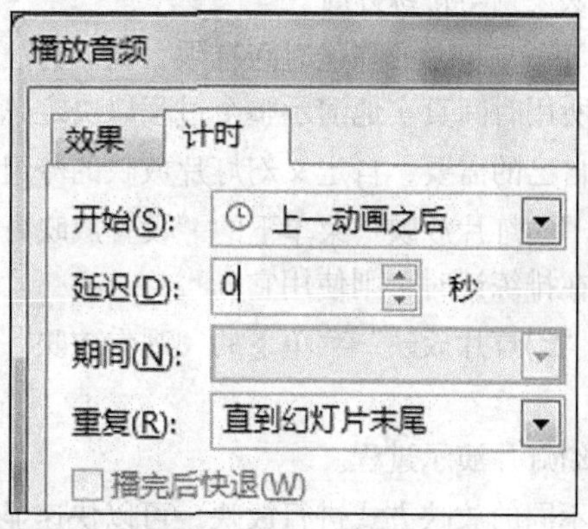

图 18-1　音频文件动画设置

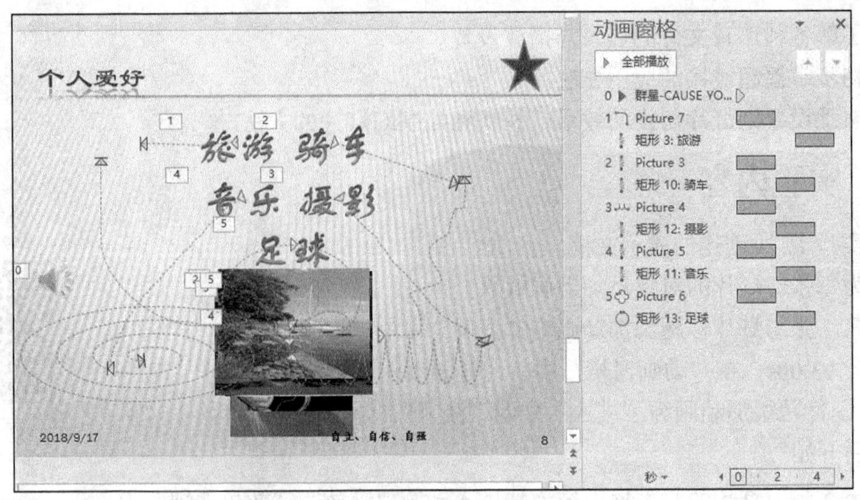

图 18-2　动作路径

⑧为第 9 张幻灯片的形状添加“强调”动画中的“彩色脉冲”，选择一种颜色；为文本框对象添加“强调”动画中的“画笔颜色”，选择合适的画笔颜色，“序列”中选择“按段落”，开始于“上一动画之后”。

当然也可以根据自己的想法对动画进行设置。

如果要删除某动画效果，只需在动画列表中选定该动作后，单击“删除”按钮即可。可以用预设的动作路径，或绘制自定义路径，然后修改路径的起始位置及方向。

（2）应用超链接。

①选定第 2 张幻灯片中的每一行文字，分别应用“超链接”链接到后面相应的幻灯片上。

②在最后一张幻灯片中插入一个返回首页的动作按钮，并链接到第 1 页。依照自己的喜好适当修改该按钮的大小、位置、颜色等。

（3）设置幻灯片切换效果。

先在“切换”选项卡中选择“揭开”换片方式，并设置为“全部应用”。再选定第 1 张幻灯片，选择“闪光”换片方式，在“幻灯片切换”任务窗格中选择“顺时针回旋，4 根轮辐”的切换方式，选择一种合适的切换速度。选定最后一张幻灯片，并选择切换的方式。

（4）放映设置与排练计时。

①如果每个应聘者的陈述时间有限，则需为演示文稿设置排练计时。根据每张幻灯片内容的多少和讲解所用时间真实地演示整个过程以决定总体放映时间。

②根据自己的需要，自定义幻灯片放映的分组情况及放映顺序和时间长短。

③执行“幻灯片放映”菜单下的“设置放映方式”，从中选择“观众自行浏览”，换片方式选择“如果存在排练计时，则使用它”。

④执行“幻灯片放映”菜单下的“观看放映”命令，如需修改，则可再回到幻灯片视图中进行修改。

⑤录制幻灯片演示过程。

⑥应用不同的放映方式进行放映，可以快速显示黑屏、白屏、任意放映窗口等。

放映时可用“荧光笔”“激光笔”“笔”“墨迹颜色”等作为记录符号。

（5）保存并打包文件。

①将该文件另存为 PDF 格式的文件。

②导出为视频形式保存。

③再将文件另存为放映文件。

3. 问题解答

（1）如何制作星光闪闪的效果?

解答：如需使用 PowerPoint 制作出满天星光不停闪烁的效果，首先，在幻灯片中绘制多个星形；然后，同时选中不相邻的若干星形，添加“强调”命令中的“彩色脉冲”命令，在“动画空格”中选择“计时”选项，在“计时”选项卡中设置动画播放的时间控制；最后，按照前述的方法设置其他星形的动画即可。

（2）在幻灯片切换时可以设置两种换片方式吗?

解答：在“幻灯片切换”任务窗格中，“换片方式”包括两种，分别为“单击鼠标时”与“设置自动换片时间”，可以同时设置两种换片方式，同时选中两个复选框，表示在所设置的时间内单击即可切换幻灯片，到所设置的时间后将自动切换幻灯片。

（3）如何使用动画刷?

选定已设置了动画的对象，单击“高级动画”选项组中的“动画刷”工具，再选择要应用动画的另一对象。若双击动画刷，则可对多个对象应用此动画。

4. 思考题

（1）如何控制幻灯片中的对象播放动画的先后顺序?

（2）如何设定在单击其他对象时开始播放声音?

（3）若没有安装 PowerPoint 应如何观看幻灯片?

实验 19　Access 2016 中表和数据库的操作

1. 实验目的

（1）学习建立和维护 Access 数据库的一般方法。

（2）掌握数据表的建立方法。

（3）掌握数据表、查询等的区别。

（4）熟悉 SQL 中的数据更新命令。

实验 19-1　创建表 Teachers

2. 实验内容

（1）创建表 Teachers。

创建一个名为 School 的数据库，在其中建立表 Teachers，其结构如表 19-1 所示，内容如表 19-2 所示，主键为教师号。

表 19-1　Teachers 表字段类型

字段名称	字段类型	字段宽度
教师号	文本	6 个字符
姓名	文本	4 个字符
性别	文本	1 个字符
年龄	数字（字节类型）	
参加工作年月	日期/时间	
党员	是/否	
应发工资	货币	
扣除工资	货币	

表 19-2　Teachers 表记录

教师号	姓名	性别	年龄	参加工作年月	党员	应发工资	扣除工资
100001	李春辉	男	35	2003-12-28	no	3202	220
200001	王强	男	34	2002-1-21	yes	2424	190
100002	陈英	女	44	1995-10-15	yes	1651	130
200002	樊二平	男	36	2006-4-18	yes	2089	160
300001	范君	男	33	2004-2-3	no	2861	200
300002	刘红	女	45	1995-7-23	no	1821	150

具体步骤如下。

①启动 Access 2016，选择“空白桌面数据库”，输入数据库名称“School”。

②切换到“创建”选项卡，单击“表格”组中的“表设计”按钮，进入表的设计视图。

③依据表 19-1，依次在“字段名称”栏中输入字段名称；在“数据类型”栏中选择数据类型。

④选中教师号字段，在“设计”选项卡的“工具”组中，单击“主键”按钮，将教师号字段设为主键。关闭“设计视图”，保存表为 Teachers。

⑤打开 Teachers 表的数据表视图，依据表 19-2 输入表中各条记录。

（2）创建表 Students。

根据表 19-3 中的内容，确定表 Students 的结构（字段名称及数据类型），并在 School 数据库中创建该表，输入相应的记录。

实验 19-2　创建表 Students

说明：在“表设计”视图中进行数据表的结构设计，学号应为 Students 表的主键。性别可使用“查阅向导”数据类型，在向导中输入男和女两个值，即可实现下拉菜单功能。教师号字段应与 Teachers 表中的教师号字段建立主外键关系。

表 19-3　Students 表记录

学号	姓名	性别	教师号	分数
10001	李学敏	女	200002	90
10002	张伟	男	100001	78
10101	刘文强	男	200001	80
10102	刘红杰	男	100001	73

续表

学号	姓名	性别	教师号	分数
10103	朱学芳	女	200002	94
20001	赵磊	男	100002	88
20002	高飞	女	200002	70
20003	张宇	女	100002	84

（3）将表 Teachers 复制为 Teachers1 和 Teachers2。

用鼠标右键单击要复制的表，在快捷菜单中选择“复制”选项，在适当位置单击鼠标右键，在弹出的快捷菜单中选择“粘贴”命令即可。

（4）修改表 Teachers1 的结构。

①打开 Teachers1 数据表，并切换为“设计视图”。

②将“姓名”的字段大小由 4 改为 6。

③添加一个新的字段“职称”，数据类型选择“文本型”，字段大小为 4，并为表中各个记录输入合适的职称信息。

④将“党员”字段移到“参加工作年月”字段之前。

实验 19-3　向 Students 表中添加记录

实验 19-4　修改表 Teachers1 的结构

打开表的设计视图，即可改变字段的类型，也可添加新字段。若要移动字段位置，则可以选中该字段并按住鼠标左键拖动到合适的位置即可。

（5）导出表 Teachers2 中的数据，以文本文件的形式保存，文件名为 Teachers.txt。

选定表 Teachers2，打开“外部数据”选项卡，在“导出”组中单击“文本文件”命令，按提示操作即可完成数据的导出任务。除文本文件外，还可按 Excel、XML、PDF 等格式导出。导出文件默认存放在“C:\Users\Administrator\Documents”中，用户也可根据需要修改存储位置。

（6）观察文件 Teachers.txt 的数据格式，用“记事本”程序创建 data.txt，在其中输入下面两条教师信息，再通过导入的方法将数据导入到表 Teachers2 中。

在导入时，选择“外部数据”选项卡，在“导入并链接”组中，单击“文本文件”命令进行导入。在文件名部分，通过单击“浏览”按钮选中要导入的文本文件，在下方的选项中选择“向表中追加一份记录的副本”，这里需要确定所选表为 Teachers2。在导入文本向导中，选择“固定宽度”选项，并通过单击添加字段分隔线（带箭头的线），这里需要在每个值之间添加分隔线，操作完成后，即可向 Teachers2 表中追加新记录。

实验 19-5　导出表 Teachers2 中的数据

400001　张璐　女 35　1978/07/16　no　2760　190

400002　吴杰　男 42　1971/11/19　no　2120　150

（7）导出表 Teachers2 中的数据，以 Excel 数据薄的形式保存，文件名为 Teachers.xlsx。

（8）观察文件 Teachers.xlsx 的数据格式，使用 Excel 建立 data.xlsx，在其中输入下面两条教师信息（一个值为一列，共 8 列），最后通过导入的方法将数据导入到表 Teachers2 中。导入过程与文本导入方式类似。

500001　赵亮　男 33　1980/07/19　yes　2800　200

500002　李楠　男 28　1985/03/14　yes　2600　180

3. 问题解答

（1）用数据表视图打开刚刚建好的表时，系统是以默认的表的布局显示索引的行和列的，有可能限制了显示效果，一些数据不能完全显示出来，那么，如何来调整行高和列宽呢？

解答：

①第一种方法是用鼠标拖动。将光标放在数据表左侧（上端）任意两行或列的空隙间，当光标变为十字形状时，按住鼠标左键，拖动鼠标至合适的行高或列宽释放鼠标即可。

②第二种方法是精确设定。选定需要调整的行或列，单击鼠标右键，在弹出的快捷菜单中选择“行高”或“列宽”，在打开的对话框中输入精确的数值来进行调整。

（2）在数据库表中，有时为了突出两列数据的比较，或者在打印数据表时临时不需要某些列的内容，如何把它们隐藏起来，在需要时再恢复显示呢？

解答：

①隐藏列。打开表，选中要隐藏的列，单击鼠标右键，在弹出的快捷菜单中选择“隐藏列”选项则可将整列隐藏。

②显示被隐藏的列。当需要把隐藏列重新显示时，单击鼠标右键，在弹出的快捷菜单中选择“取消隐藏列”选项，在对话框列出的字段名前的方框中打上“☑”的，表示这个字段的那一列正在显示，如果没有打“☑”的，则说明该列已被隐藏。

（3）如何利用“实施参照完整性”创建表关系？

解答：在建立表之间的关系时，窗口上有一个复选框“实施参照完整性”，选中它之后，“级联更新相关字段”和“级联删除相关字段”两个复选框就处于可用状态了。

如果选中“级联更新相关字段”复选框，则当更新父行（一对一、一对多关系中“左”表中的相关行）时，Access 就会自动更新子行（一对一、一对多关系中的“右”表中的相关行）；选中“级联删除相关字段”复选框后，当删除父行时，子行也会随之被删除。而且当选择“实施参照完整性”后，在原来折线的两端会出现符号“1”或“OO”，在一对一关系中，符号“1”在折线靠近两个表端都会出现；而在一对多关系时，符号“OO”则会出现在关系中的右表对应折线的一端上。

（4）导入和链接两种方式有什么不同？

在进行数据导入时，Access 会在目标数据库中创建数据副本而不会更改数据源。例如，从文本文件中导入数据，或从 Excel 文件中导入数据时，均不会改变数据源。

如果组织使用多个 Access 数据库，但需要在各数据库之间共享一些表（如“员工”）中的数据，则可能需要链接另一个 Access 数据库的数据。在这种情况下，可将表保留在一个数据库中，然后从其他数据库链接到该表，而无须在每个数据库中复制该表。其他工作组或部门可向数据库中添加数据并使用其中的数据，但表的结构仍由原建立方控制。

4. 思考题

（1）如何冻结和隐藏表的字段？

（2）试举出更多的存在主键与外键关系的实例。

（3）如何将两个字段设置为主键？

（4）是不是每一张表都必须有且只有一个主键，它可以是多个字段的组合吗？

实验 20　Access 2016 中各对象的操作

1. 实验目的

（1）掌握 Access 中创建查询的方法。

（2）了解查询中的计算。

（3）熟悉创建窗体的方法。

（4）熟悉创建报表的方法。

2. 实验内容

（1）使用“查询向导”创建查询。

①打开“School”数据库，单击“创建”选项卡下“查询”组中的“查询向导”按钮。

②在“简单查询向导”对话框中选择表 Teachers 和 Students，并将 Teachers 表中的所有字段和 Students 表中除教师号外的其他字段，添加到“选定字段”列表中。

③单击“下一步”按钮，在弹出的对话框中选中“明细（显示每个记录中的每个字段）”单选按钮。

④单击“下一步”按钮，在弹出的对话框中输入查询的标题“教师所授学生信息”。

⑤单击“完成”按钮，即可创建简单查询。

（2）使用“查询设计”创建查询。

现查询“100001 号教师所授学生的信息”，并按学号升序排列。本查询的创建步骤如下。

实验 20-1　使用“查询设计”创建查询

①单击“创建”选项卡“查询”组中的“查询设计”按钮。

②弹出“显示表”对话框，根据查询需要，选择 Teachers 和 Students，依次单击“添加”按钮。添加完成后，单击“关闭”按钮。

③单击查询设计窗口下半部分的字段单元格右侧的下拉按钮，从下拉列表中选择“Teachers.教师号”，同行右侧依次选择“姓名”“性别”“年龄”“参加工作年月”“党员”“应发工资”和“扣除工资”，以及“Students.学号”“Students.姓名”“Students.性别”和“Students.分数”。

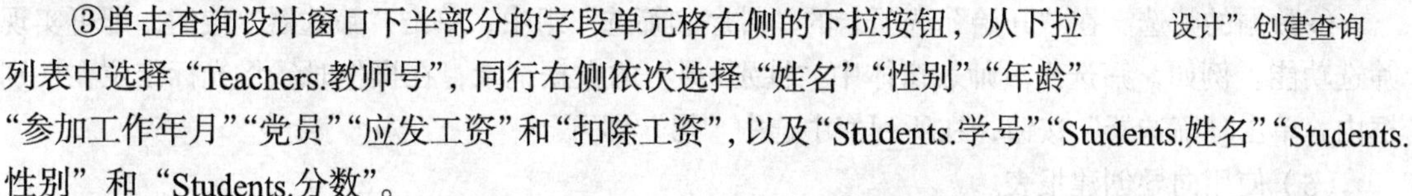

④在教师号列，“条件”对应的单元格输入 100001。在学号列，“排序”对应的单元格选择“升序”。

⑤单击“查询工具”的“设计”选项卡，在“结果”组中单击“运行”按钮，得到查询结果，再单击“保存”按钮，将查询名称设置为“100001 号教师所授学生的信息”。

（3）创建窗体。

①打开“School”数据库，单击“创建”选项卡，在“窗体”项中单击“窗体向导”按钮，打开“窗体向导”对话框。

实验 20-2　创建窗体

②在“表/查询”下拉列表中选择要创建窗体的表或查询，单击中间的“>”按钮就可以将字段从左侧“可用字段”列表框添加到右侧“选定字段”列表

框中。此处选择“Teachers”，所有可用字段均选定。

③“布局”选择“纵栏表”，设定窗体标题为“教师表窗体”，单击“完成”按钮，便可查看创建好的窗体。单击窗体下方按钮，可在不同记录中进行切换。

（4）窗体中数据的操作。

创建窗体后，可对窗体中的数据进行添加、删除、修改、查找、排序和筛选等进一步的操作。

①数据的添加。单击窗体底部的▶*按钮，先添加一条空白记录，然后输入新记录的各个字段的值，注意：教师号是索引字段，不能重复。

②数据的修改。单击要修改的记录字段，例如，修改 100001 号教师的年龄，只需把光标定位到年龄文本框中，直接修改即可。

③数据的删除。选定要删除的记录，然后单击“开始”选项中“记录”组中的✕删除按钮。如果该记录与其他表或查询相关联，由于要保持表的完整性，Access 会弹出提示不可修改的对话框。

④数据的查找。单击“开始”选项卡中“查找”组中的“查找”按钮，弹出“查找和替换”对话框，在对话框里设定查找内容、查找范围等，如图 20-1 所示，查找 100001 号教师，单击“查找下一个”便可在窗体中显示该教师的信息。

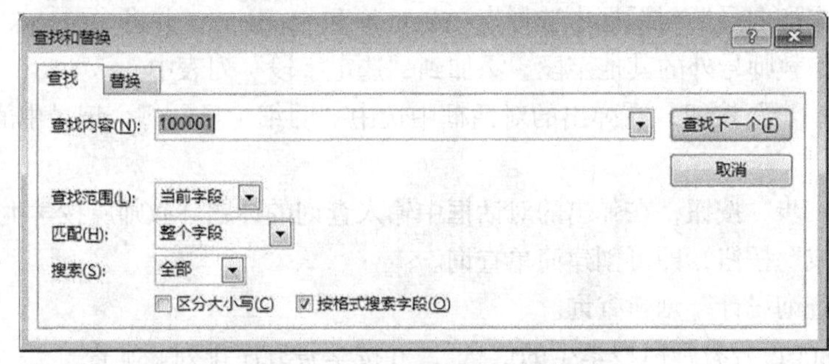

图 20-1 “查找和替换”对话框

⑤数据的排序。可按照教师年龄对教师表窗体中的数据按“升序”进行排列。在操作时，将光标定位在年龄字段框内，在“开始”选项卡的“排序和筛选”组中，单击“升序”，便可实现排序。

⑥数据的筛选。在“开始”选项卡的“排序和筛选”组中，单击“筛选器”按钮，即可实现筛选功能。例如，筛选出教师表窗体中“性别=男”的数据记录，在操作时，将光标定位在性别框内，单击“筛选器”按钮，在所列值中选中“男”即可。

（5）使用向导创建报表。

①打开要创建报表的数据库 School，单击“创建”选项卡，在“报表”组中单击“报表向导”，打开“报表向导”对话框，在“表/查询”中列出了当前数据库中包含的表和查询，这里选择“Students”和“Teachers”。

实验 20-3 使用向导创建报表

②将 Student 表中所有字段和 Teachers 表中除教师号外的其他字段添加到报表所用字段中。

③单击“下一步”按钮，选择要查看的数据的方式。这里选择“通过 Students”，将以学生记录为主，关联教师信息。

④分组级别与 Excel 中的分类汇总功能类似，根据报表创建的目的，选择“教师号”字段作

为分组级别，选入右侧。

⑤单击“下一步”按钮，选择报表中的数据以哪个字段为基准进行排序，这里选择“年龄”，然后单击“下一步”按钮。布局和方向选为默认值，将报表命名为“学生教师报表”，单击“完成”按钮，即可预览创建好的报表。

报表创建好后仍可做修改，在状态栏上单击“设计视图”按钮，可打开“报表设计工具”，其中的各项工具可满足报表布局修改及报表控件属性修改的需要。

3. 问题解答

（1）如何调整窗体标签的位置？

解答：在给窗体添加标签之前，首先需要把窗体中所有控件都向下移，为标签空出一个适当的空间。单击一个控件，然后按住键盘上的【Shift】键，并继续单击其他控件，选中所有的控件以后，将鼠标稍微挪动一下，待光标变成一个张开的手的形状时，单击“工具箱”对话框上的“标签”按钮，然后把窗体中所有控件都向下移即可。

（2）查询中的计算如何进行？

解答：“查询”所显示的字段既可以是“表”或“查询”中已有的字段，也可以是这些字段经过运算后得到的新字段。可利用“表达式生成器”编辑查询表达式，建立字段表达式。

4. 思考题

（1）使用“查询向导”建立查询的主要优点是什么？

（2）使用“查询设计”建立查询的主要优点是什么？

（3）哪些对象可以转换为报表？

（4）如何使用“设计视图”来创建窗体？

（5）窗体与报表有哪些区别？

实验 21 利用 Publisher 2016 制作出版物

1. 实验目的

（1）掌握利用 Publisher 模板创建出版物的方法。

（2）掌握插入和修改各种对象元素的方法。

（3）了解有关 Publisher 出版物业务信息的设置。

2. 实验内容

可以使用 Publisher 2016 在模板的基础上进行一些设置来制作个性化的新闻稿，本实验将使用 Publisher 2016 编排报纸。

（1）使用模板建立主框架。

①选择模板。启动 Publisher 2016，在预设模板“内置”选项组下选择“新闻稿”，根据自己的喜好选择模板，如“标签新闻稿”。

②建立主框架。对新闻稿的主体进行设置，如配色方案、字体方案、页面尺寸等。此处设置

配色方案为“宝石蓝”；字体方案为“跋涉”；页面尺寸为“跨页”。单击“创建”按钮，效果如图 21-1 所示。

版式和配色方案等的设置也可以在出版物创建后用“页面设计”功能区的命令进行修改。在左侧页面“导航区”单击页面，可以快速在各页面中切换。

（2）在新闻稿中填充图文。

单击“创建”按钮之后，程序就自动在主界面上建立了所需新闻稿的主框架，接着向相关栏目中填充内容。

①输入文字。转到第 1 版，首先选中刊头“新闻稿标题”（见图 21-1），输入报纸的名称，如“生活点滴”；然后选中“头条新闻标题”，输入头条新闻标题；最后在下方的文字框中输入正文。再用同样的方法输入其他版面的新闻。

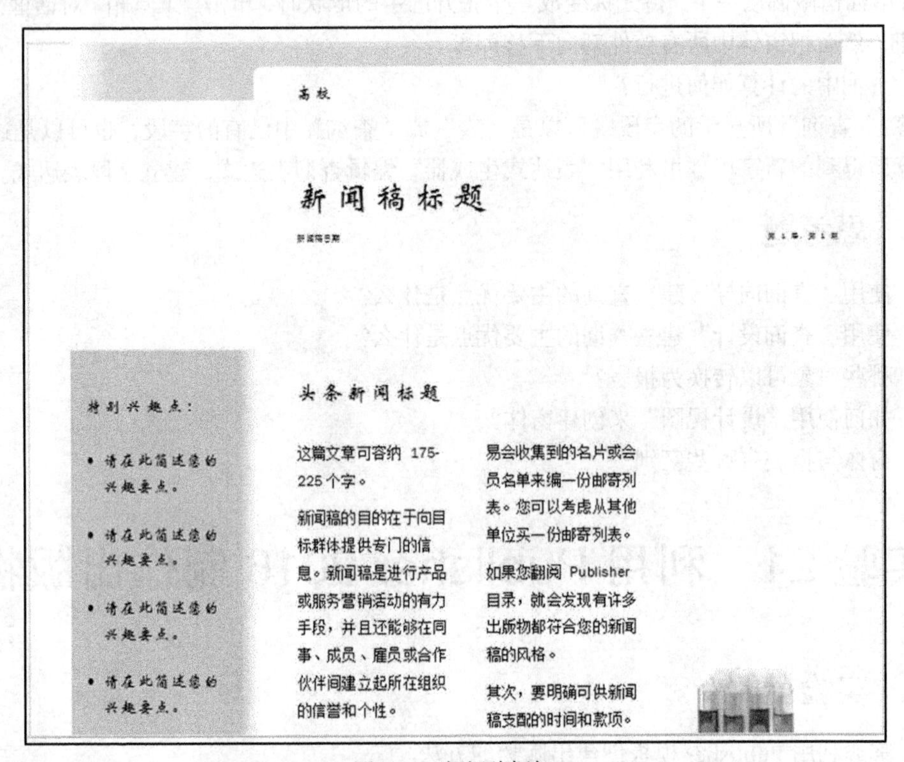

图 21-1　新闻稿框架

②文字的修改。文字输入完后，再对其进行格式调整。在输入文字的过程中，模板预留的文字框的大小可能不太符合报纸的需要，因此，可选中“文本框”，利用鼠标调整其大小和形状以及位置。执行“文本框工具”选项卡的相关命令，设置合适的背景色、边框颜色等。文字的编辑设置与在 Word 中的使用方法相同。

③插入图片。在“插入”工作区中选择“插图”组中的“联机图片”，搜索有关橡皮的图像插入到适当位置。在“图片工具”选项卡中进行图片的格式设置。

④文本的流动功能。将第 2、第 3 版的内容清除，分别插入两个文本框，将光标放置在第一个文本框里，单击“文本框工具”选项卡的“创建链接”工具按钮，光标就会变成一个茶

杯形状，单击第 2 个文本框，前一个框架中无法容纳的文字内容就会自动流动到这个新的文字框架中。以后再改变文字内容时，这一流动功能就会自动调整流动的字符，以符合要求的方式调整版面。

⑤选中第 2 版中的文本框，执行“文本框工具”选项卡的“文本”组的“设置文本框格式”命令，打开“设置文本框格式”对话框，在“文本框”选项卡中勾选“包含‘下转第……页’”前面的复选框。确定后，文本框中就会出现了“(下转第 3 页)”的字样。使用同样的方法，在第 3 版文字框的“设置文本框格式”对话框中，勾选“包括‘上接第……页’”复选框，最终效果的样式如图 21-2 所示。

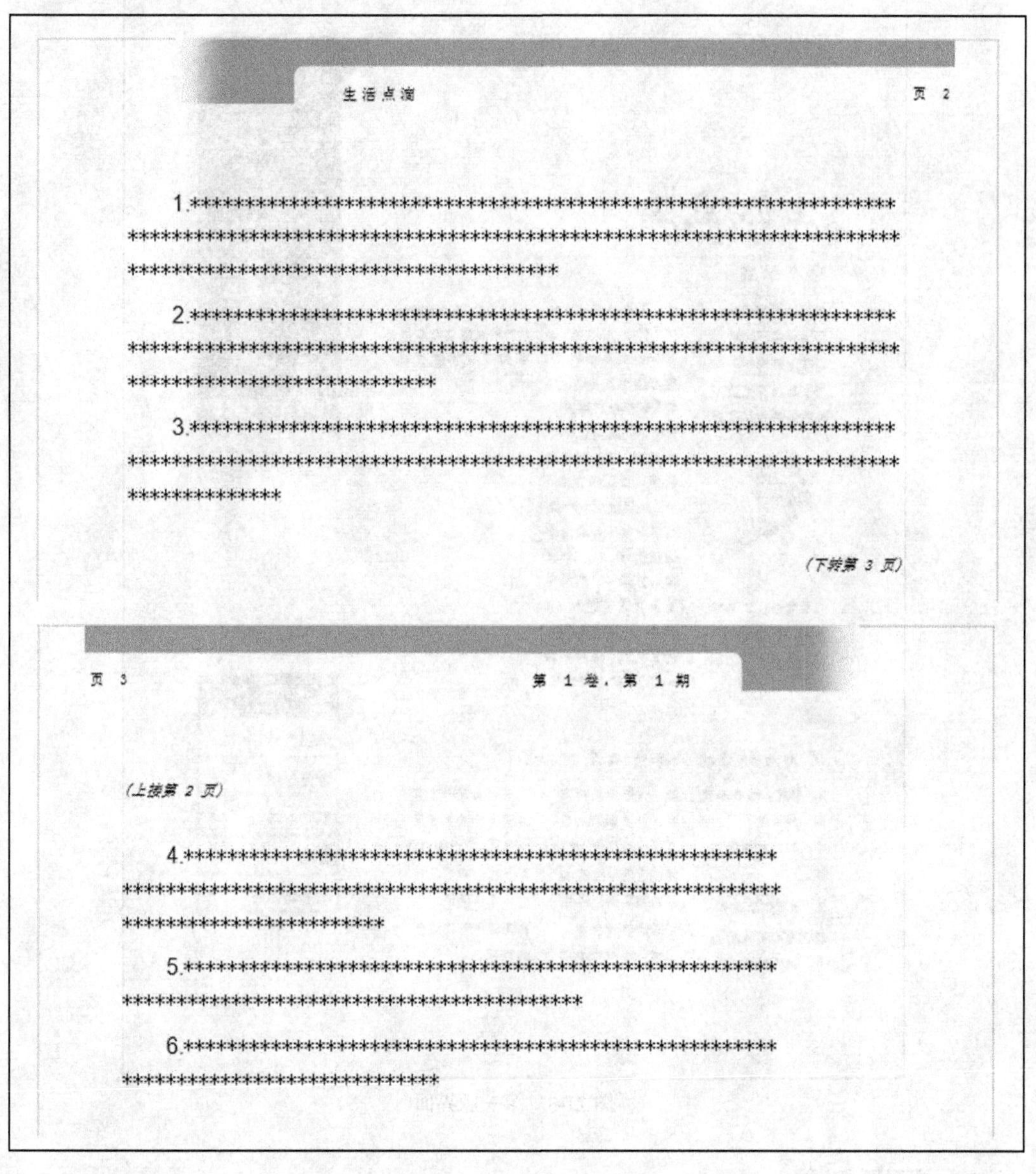

图 21-2　第 2、第 3 版界面

（3）相关信息的调整。

①修改个人信息，设计徽标。执行“文件”功能区中的“信息”命令，单击“编辑业务信息”

按钮，在“业务信息”对话框中修改相关信息。单击“添加徽标”按钮，选择图片设计和制作公司的徽标，在报纸的第 4 版中将看到这些业务信息。

②报纸信息的调整。打开报纸的第 1 版，修改报纸的期数及发行日期，添加“特别兴趣点”及“本期内容”。在添加“本期内容”时，若标题不能在一行内显示完全，则可通过拖动文字左边的方块，改变行宽，实现多行显示，效果如图 21-3 所示。最后执行“文件”功能区中的“保存”命令，如果要将报纸保存在其他计算机或在印刷厂打印，执行“保存并发送”的“打包”命令，即可将该文档中所用的图片、字体等都完整地打包，以方便印刷。

图 21-3　第一版界面

3. 问题解答

（1）如何更改图片大小?

解答：有两种可以更改图片大小的方式，即调整大小和裁剪。调整大小会拉伸或收缩图片，从而更改图片尺寸；而裁剪会删除垂直或水平边缘，从而减小图片大小。裁剪通常用于隐藏或剪裁图片的某一部分，以便进行强调。

（2）OpenType 版式有哪些功能？

解答：Publisher 2016 支持许多 OpenType 字体提供的连字、样式集及其他专业版式功能。使用内置的或自定义的 OpenType 字体，只需通过几次单击，便可创建与图像具有同等效果的文本。

（3）如何预览打印效果？

解答：执行“文件”功能区“打印”命令，直接生成打印预览效果。Publisher 2016 可以在查看出版物的大型打印预览的同时调整打印设置，无须在多个视图或屏幕之间来回切换即可查看更改后的效果。在打印时可以使用背光功能“看透”纸张，预览出版物的另一面，以便随心所欲地“翻页”。

4. 思考题

（1）如何在某页之后添加新页面？

（2）如何为出版物生成目录？

实验 22 利用 Visio 2016 绘制图表

1. 实验目的

（1）掌握利用 Visio 2016 编制文档和绘制图表的方法。

（2）了解 Visio 2016 中一些特殊功能的使用方法。

（3）熟练应用 Visio 2016 绘制软件开发图形。

2. 实验内容

（1）利用 Visio 2016 绘制某商场采购业务流程图。

①对业务进行详细调查确定业务流程图，示例如图 22-1 所示。

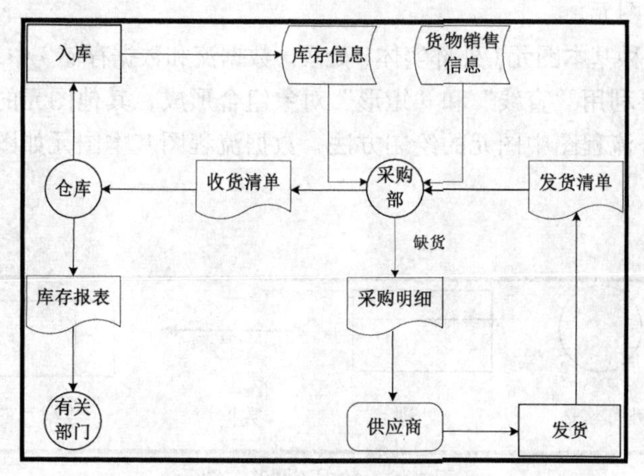

图 22-1 某商场采购业务流程图

②制作某商场采购业务流程图图元。

实验 22-1　绘制业务流程图

业务流程图的 5 种基本图元（实体、单证、业务处理、数据存储和业务流程流转方向）可直接使用 Visio 提供的基本图形对象绘制，也可使用多个对象组合形成，如图 22-2 所示。具体操作方法如下。

在形状工具箱选择“形状”→“基本形状”选项，绘制实体（圆形）、单证（文档）和业务处理（矩形）；选择“形状”→“更多形状”→“软件和数据库”→“软件”→“Gane-Sarson”选项，打开 Gane-Sarson 图形对象集绘制数据存储；选择“形状”→“更多形状”→“其他 Visio 方案”→“连接符”选项，选择“有向线 1”，利用工具栏中的“铅笔”工具绘制直线补充业务处理。

③绘制某商场采购业务流程图。

双击图元添加文字，了解绘制业务流程图的方法。

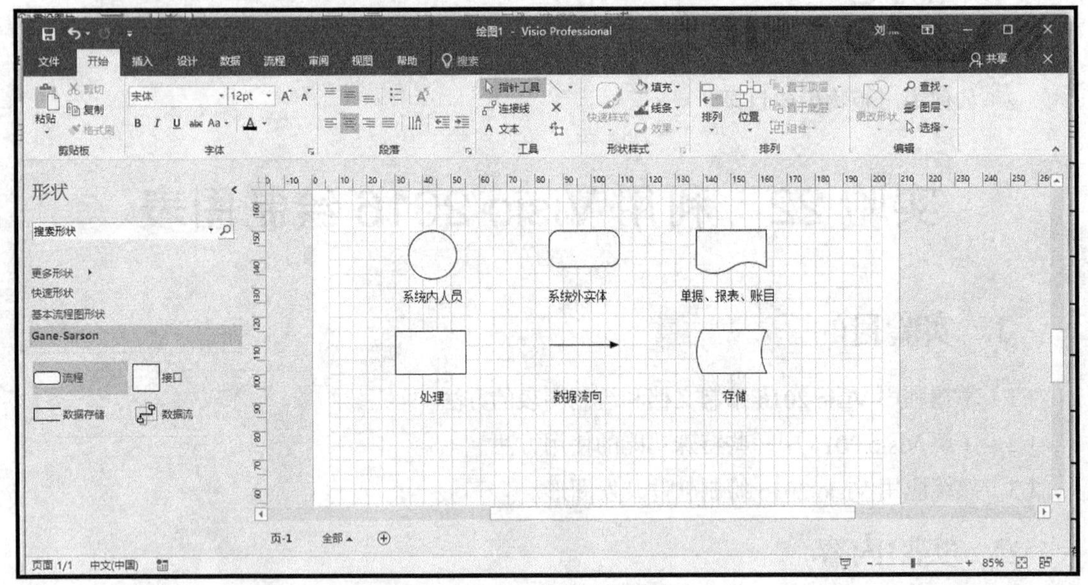

图 22-2　业务流程图基本图元

（2）利用 Visio 2016 绘制数据流图。

①制作数据流图图元。

实验 22-2　绘制数据流图基本图元

在数据流图的 4 种基本图元（外部实体、处理、数据流和数据存储）中，其中的“处理”需要利用“直线”和“矩形”对象组合形成，其他图元的绘制方法类似于业务流程图中图元的绘制方法，数据流程图基本图元如图 22-3 所示。

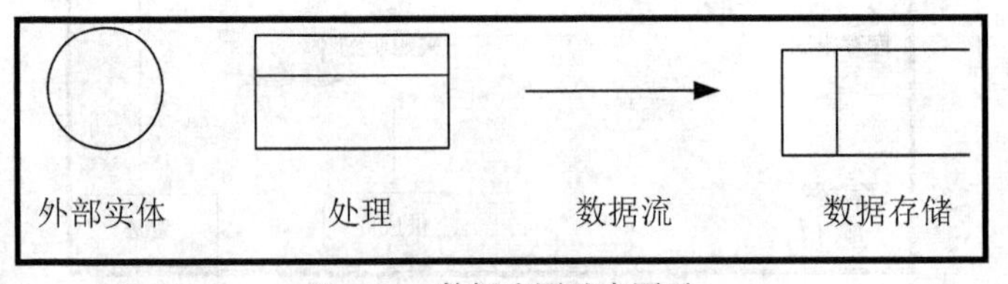

图 22-3　数据流图基本图元

②根据数据流程图基本图元，绘制完整的销售处理的数据流图，如图 22-4 所示。

（3）利用 Visio 2016 绘制系统功能模块。

使用 Visio 的相关图元绘制完整的系统功能模块图，如图 22-5 所示。

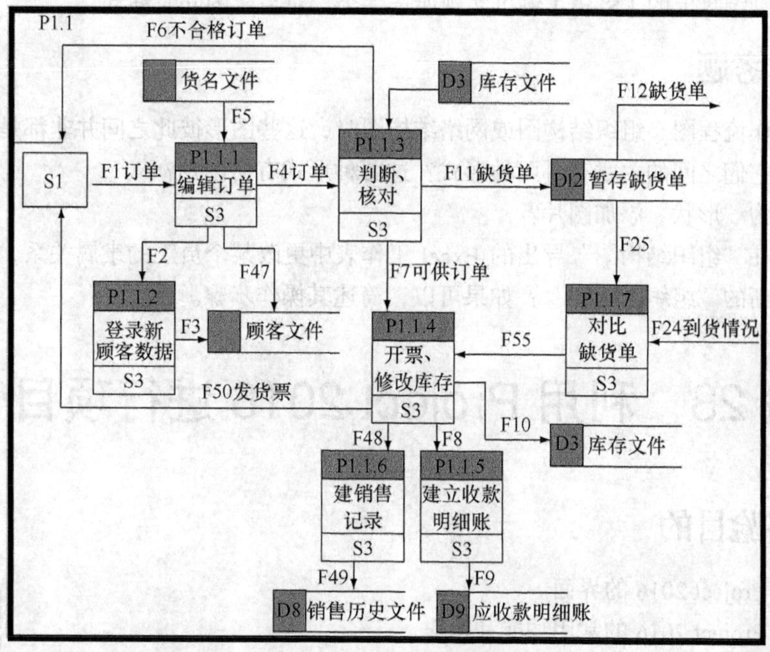

图 22-4 销售处理的数据流图

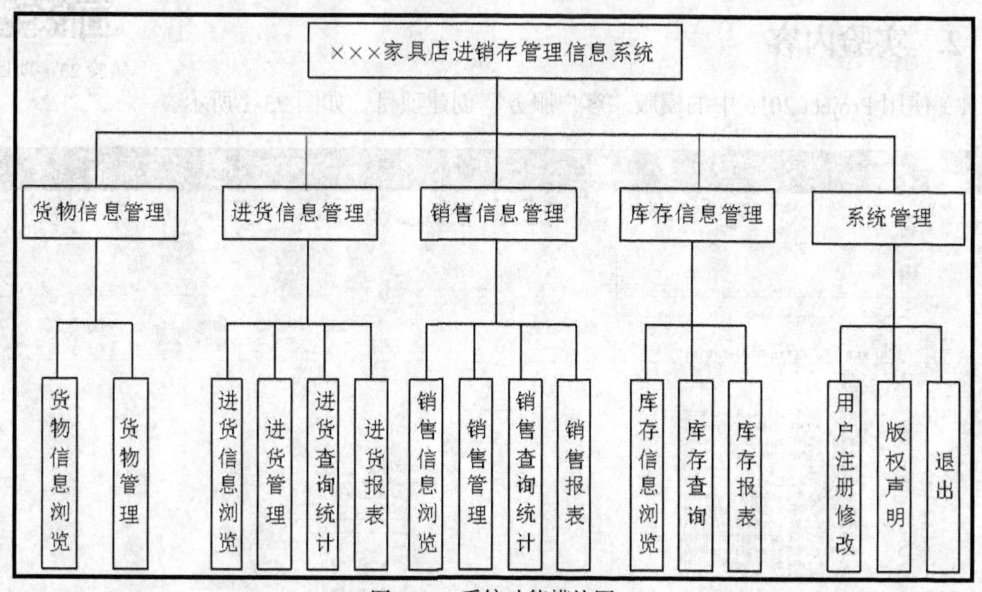

图 22-5 系统功能模块图

3. 问题解答

（1）使用 Visio 还可以完成软件分析、设计过程中哪些类型模型的绘制？

解答：组织结构图、系统功能结构图、数据流程图、业务流程图、系统处理流程图等。

（2）使用 Visio 2016 如何自由旋转添加的“形状”？

解答：在添加的“形状”上方有一个小圆，可以通过旋转小圆实现“形状”的自由旋转。

（3）如何让多个“对象”同时移动？

解答：借助键盘上的【Shift】键可实现所选多个“对象”的同时移动。

4. 思考题

（1）在制作流程图、组织结构图或网络结构图时，这些图形彼此之间并非都是独立的，一定是有关联的。它们之间的关联有哪两种形式？这两种形式有何区别？

（2）如何为“形状”添加图片？

（3）能否在“组织结构图”导出的 Excel 工作表中更改某个员工的隶属关系，然后由计算机自动生成一个新的“组织结构图”？如果可以，简述其操作步骤。

实验 23　利用 Project 2016 进行项目管理

1. 实验目的

（1）熟悉 Project 2016 的界面。

（2）掌握 Project 2016 的常用功能和操作。

（3）学会使用 Project 2016 进行时间管理、资源规划管理、成本管理等。

实验 23　项目管理

2. 实验内容

（1）使用 Project 2016 中的模版“客户服务”创建项目，如图 23-1 所示。

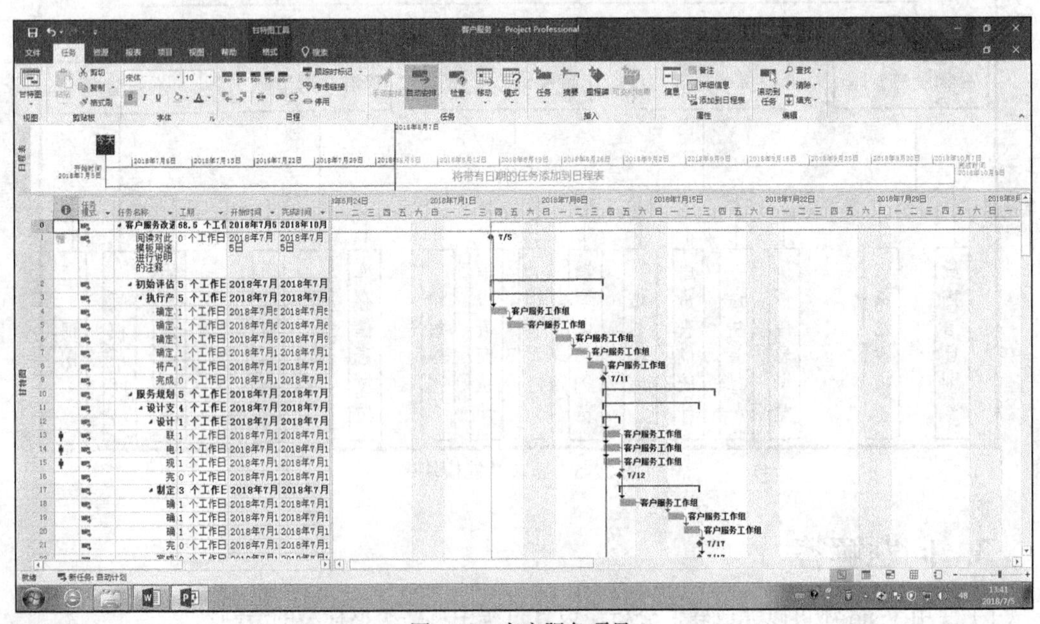

图 23-1　客户服务项目

①插入新任务：在插入的位置单击鼠标右键，选择“新任务”。

②删除新任务：在删除的位置单击鼠标右键，选择“删除任务”。

③修改任务：选择“任务”工具栏中的“信息”选项，在弹出对话框中对任务进行修改。

④验证任务：试着利用鼠标拖住（选中）一些任务，然后单击鼠标右键，从弹出的快捷菜单中选择“删除任务”选项，观察工期和日程的安排。改变一些任务的工期，观察项目日程的安排。

⑤更改工作时间：选择“任务”工具栏中的“信息”选项，在弹出对话框中对任务进行修改。

（2）有一个营销团队将为一个新产品上市的工作进行规划，根据表 23-1 中的信息，使用 Project 2016 实现项目的创建（见图 23-2）。具体操作如下。

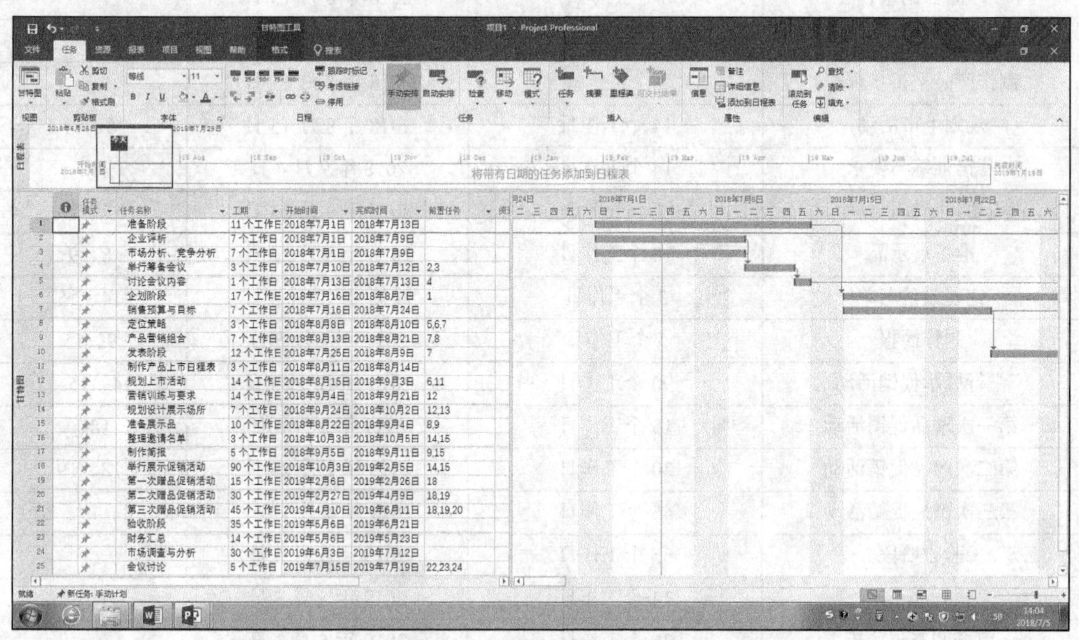

图 23-2　新产品发布项目

①利用 Project 模板新建一个项目（前提条件是 Project 完全安装）。

②单击“定义项目”，输入项目开始时间，保存后进入第 2 步，按照提示依次操作下去。

建立新的日程表：单击“定义常规工作时间”，选择日历模板，通常选取“标准”，保存后进入第 2 步，做一些选择，并恢复默认设置。在第 3 步中单击“更改工作时间”对个别日期进行设置，接着设置第 4 步、第 5 步直到完成为止。

③输入任务名称：单击列出项目中的任务，可采用直接输入法或“从 Excel 导入任务”的方式。用直接输入法首先输入各项任务、工期。

选择“任务选项卡”→“任务分配状况”，选择子一级的项目单击向右的一个箭头图标。

选择“视图”选项卡，选中“任务工作表”，观察项目的整体情况，

排定任务日程：选择前后有逻辑顺序的任务，然后单击相应的排序按钮，排定其顺序。

表 23-1　新产品上市的工作进行计划

任务名称	工期	开始时间	前置任务
准备阶段	11 个工作日	2018 年 7 月 1 日	
企业评析	7 个工作日	2018 年 7 月 1 日	
市场分析、竞争分析	7 个工作日	2018 年 7 月 1 日	
举行筹备会议	3 个工作日	2018 年 7 月 10 日	2、3
讨论会议内容	1 个工作日	2018 年 7 月 13 日	4
企划阶段	17 个工作日	2018 年 7 月 16 日	1
销售预算与目标	7 个工作日	2018 年 7 月 16 日	
定位策略	3 个工作日	2018 年 8 月 8 日	5、6、7
产品营销组合	7 个工作日	2018 年 8 月 13 日	7、8
发布阶段	12 个工作日	2018 年 7 月 25 日	7
制作产品上市日程表	3 个工作日	2018 年 8 月 11 日	
规划上市活动	14 个工作日	2018 年 8 月 15 日	6、11
营销训练与要求	14 个工作日	2018 年 9 月 4 日	12
规划设计展示场所	7 个工作日	2018 年 9 月 24 日	12、13
准备展示品	10 个工作日	2018 年 8 月 22 日	8、9
整理邀请名单	3 个工作日	2018 年 10 月 3 日	14、15
制作简报	5 个工作日	2018 年 9 月 5 日	9、15
举行展示促销活动	90 个工作日	2018 年 10 月 3 日	14、15、
第一次赠品促销活动	15 个工作日	2019 年 2 月 6 日	18、
第二次赠品促销活动	30 个工作日	2019 年 2 月 27 日	18、19
第三次赠品促销活动	45 个工作日	2019 年 4 月 10 日	18、19、20
验收阶段	35 个工作日	2019 年 5 月 6 日	
财务汇总	14 个工作日	2019 年 5 月 6 日	
市场调查与分析	30 个工作日	2019 年 6 月 3 日	
会议讨论	5 个工作日	2019 年 7 月 15 日	22、23、24

④项目信息的设置。

对于简单的项目，直接利用向导设置即可；对于复杂的项目，最好在项目开始前就仔细设置每个项目的信息。执行“项目”→“任务信息”命令，在弹出的对话框中，若要从开始日期排定项目日程，则应先在“日程排定方法”中选择“从项目开始之日起”，然后在“开始日期”中选择；若要从结束日期开始排定，如 “必须在 2018 年 8 月 14 日前完工”，则必须先在“日程排定方法”中选择“从项目完成之日起”，然后在“完成日期”中选择。

不要在每项任务的“开始时间”和“完成时间”域中都输入日期，Project 2016 会根据任务的相关性计算其中某些任务开始和完成的日期。

3. 问题解答

如何在 Project 2016 中发布最新计划与工作组的工作分配?

解答:启动 Project Professional 2016 并连接到 Project Server。打开项目,单击“文件”选项卡下的“发布”选项,保存计划。若此项目没有工作环境网站,则在“发布项目”对话框中选择“为此项目创建一个工作环境”选项,最后单击“发布”按钮即可。

4. 思考题

(1)如何在 Project 2016 中向项目中添加任务?

(2)如何在 Project 2016 中制定项目大纲?

第二部分　综合训练

综合训练 1　Windows 10 操作系统的实用操作

1. 训练目的

（1）熟悉 Windows 10 操作系统的常用优化设置。

（2）熟悉 Windows 10 操作系统的常用功能。

综合 1　设置开机密码

2. 训练内容

（1）设置开机密码

第一步：打开“开始”菜单的控制面板，如图 z1-1 所示。

第二步：单击“用户账户”，找到“在电脑设置中更改我的账户信息”选项，如图 z1-2 所示。

图 z1-1　开始菜单

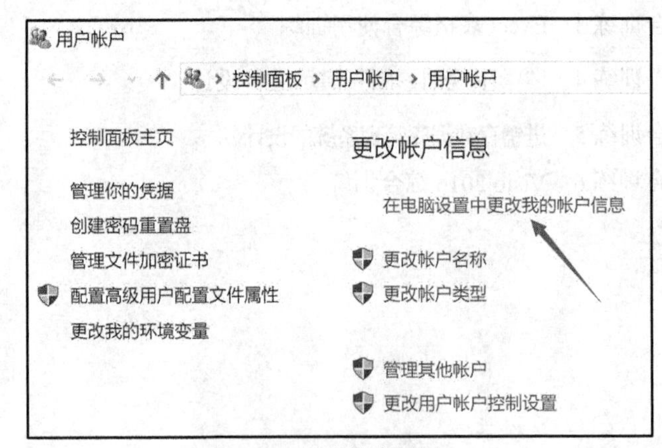

图 z1-2　用户账户界面

第三步：选择“登录选项”，然后单击“更改”按钮，进入密码修改界面，根据提示设置密码，如图 z1-3 所示。

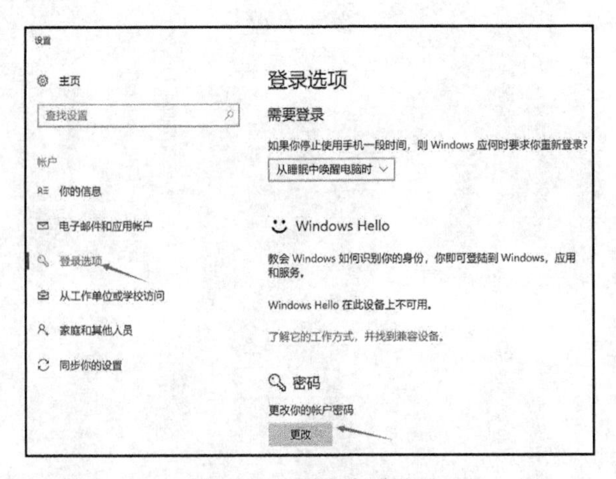

图 z1-3　登录选项界面

第四步：进入设置密码的界面，按照提示输入新密码，再单击“确认”按钮，如图 z1-4 所示。

第五步：开机或重启，开机界面如图 z1-5 所示。

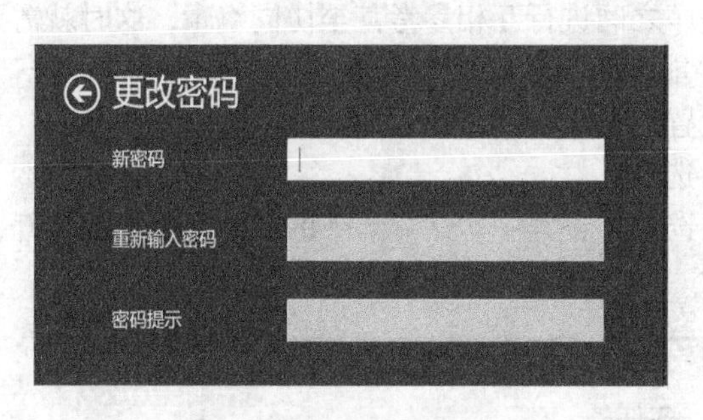

图 z1-4　设置密码界面

图 z1-5　开机输入密码界面

（2）应用 Win 10 自带的录制视频功能

第一步：启动 Win 10 自带录像功能——按组合键【Win+G】，界面如图 z1-6 所示。

第二步：勾选“是的”复选框，弹出录制视频工具条，如图 z1-7 所示，各个按钮的功能从左到右分别是“XBOX”“截图”“录制”　“开始录制”“广播”“游戏模式”“设置”功能。

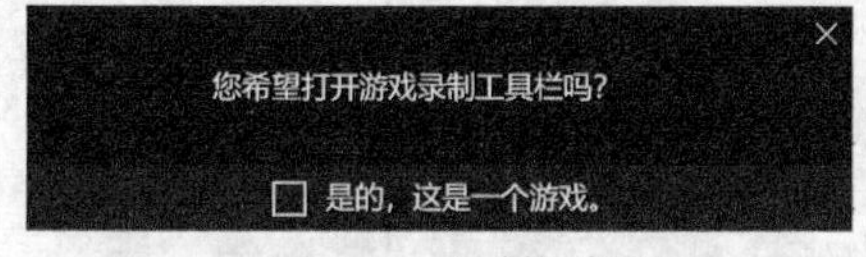

图 z1-6　录制视频界面

图 z1-7　录制视频工具条

第三步：单击“开始录制”按钮进行视频的录制。在录制过程中，工具条将自动缩小至窗口右上角提示时间，途中需要工具栏时可再次按组合键【Win+G】调出。

第四步：视频录制结束按单击“结束”按钮，或按组合键【Win+Alt+R】停止录制。

第五步：录好的视频会自动进入 Xbox 的“游戏 DVR”列表，Win 10 将通过“应用名称+日期+时间”进行命名，同时还会附带演示截图，方便我们的查找。

（3）开启“讲述人”功能

Win 10 增加了一个功能——“讲述人”，即在用户进行任何操作时都有语音提示，而且还可选择男声或女声。

第一步：单击“开始”菜单，单击“设置”选项。

第二步：在“设置”界面中选择“轻松使用”选项，如图 z1-8 所示。

第三步：在弹出的界面中，选择“讲述人”选项，并打开“讲述人”功能，如图 z1-9 所示。

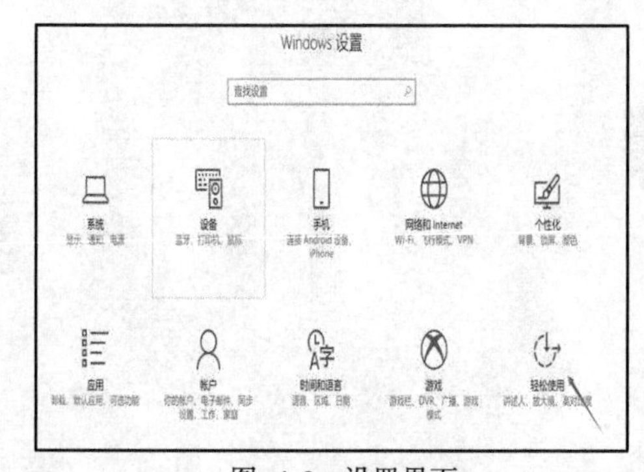

图 z1-8　设置界面

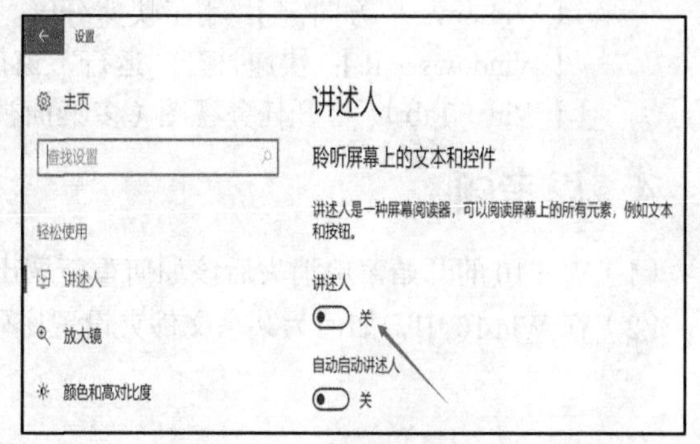

图 z1-9　“讲述人”开启界面

第四步：在弹出的“讲述人”设置界面中还可对“常规”“导航”“语音”等选项进行设置。

（4）多任务分屏操作

在工作过程中，我们经常需要在几个程序之间进行互相参考甚至协同编辑，这时就需要同时显示多个窗口，Win 10 提供了这样的分屏功能。

第一步：单击“开始”菜单，选择“设置”选项。

第二步：在设置界面中，选择“系统”选项。

第三步：在系统界面中选择“多任务”选项，将其中“贴靠”下的 4 个选项全部打开，如图 z1-10 所示。

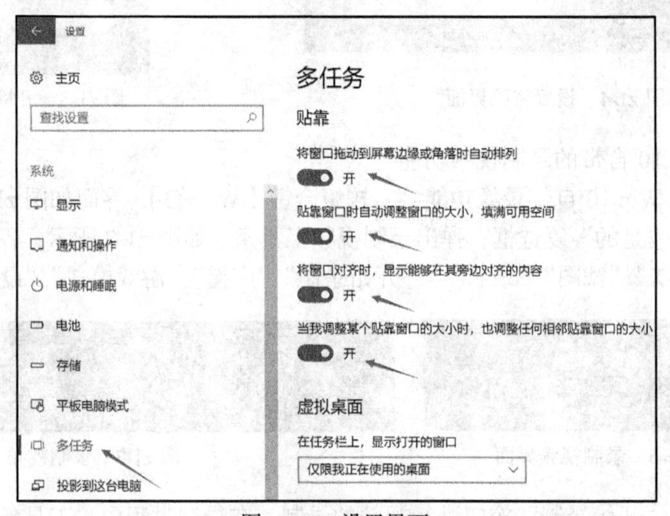

图 z1-10　设置界面

第四步：在工作过程中，如果需要进行多个窗口的分屏操作，则只需将窗口拖动到屏幕边缘，即可实现自动分屏功能。

3. 问题解答

（1）Win 10 提供的自动录屏功能，其中的“录制”可以实现什么样的功能？

解答：“录制”可以实现录制从单击该按钮之后的 15 秒钟～10 分钟（由设置而定）的屏幕视频。

（2）列举 Win 10 常用的组合键。

解答：【Windows + X】：快速打开快捷菜单。

【Windows + 方向键】：用于快速分屏。

【Windows + R】：快速打开“运行”窗口。

【Win + Tab】：打开任务视图（多桌面视图）。

4. 思考题

（1）Win 10 的开始菜单消失后该如何重新调出？

（2）在 Win 10 中，如何为共享文件夹设置密码？

综合训练 2　Word 综合训练

1. 训练目的

（1）综合使用所学的 Word 知识，掌握各种界面布局及版式的设置方法。

（2）熟练掌握图文排版技巧和插入各种对象及对其进行编辑的方法。

（3）掌握应用 Word 对报纸、杂志等进行艺术排版的技术。

2. 训练内容

启动 Word 2016，综合设计、编排一个如图 z2-1 所示的 Word 文档。

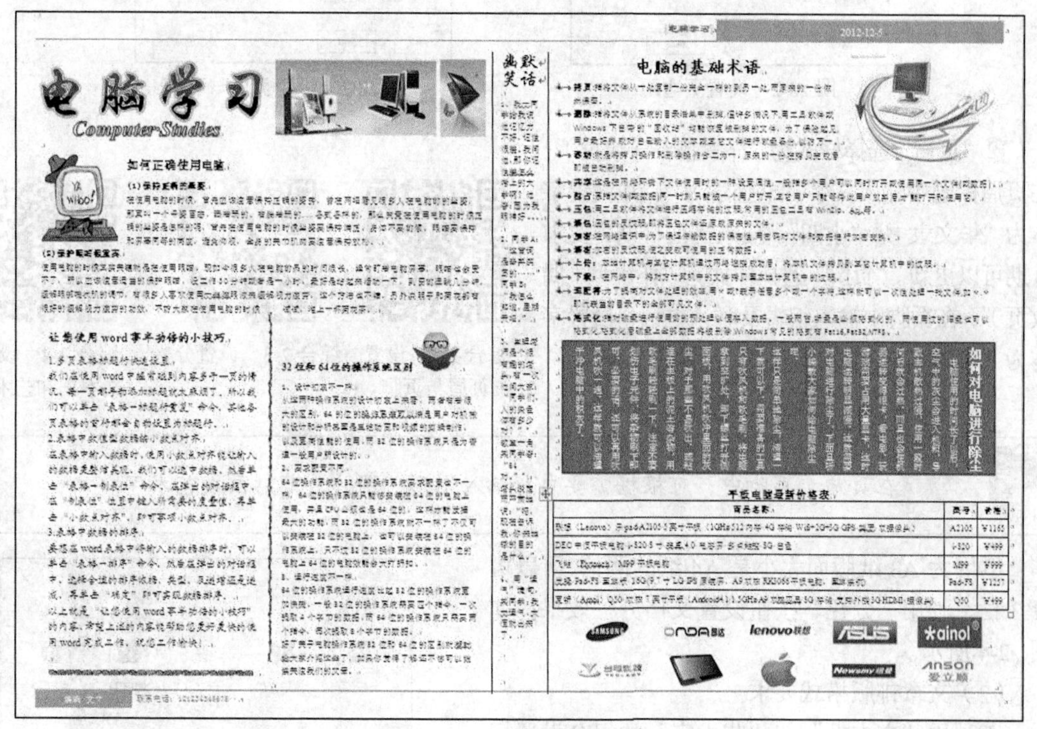

图 z2-1　综合排版效果

（1）文章版面的总体要求

①利用“布局”选项卡的“纸张大小”按钮设置纸张大小为“A3”；利用“纸张方向”按钮设置纸张方向为“横向”（宽 42 厘米，高 29.7 厘米）；利用“页边距”按钮设置上、下、左、右页边距均为 1 厘米，如图 z2-2 所示；页眉、页脚距边界分别为 0.8 厘米、0.5 厘米，如图 z2-3 所示。

综合 2-1　页面设置

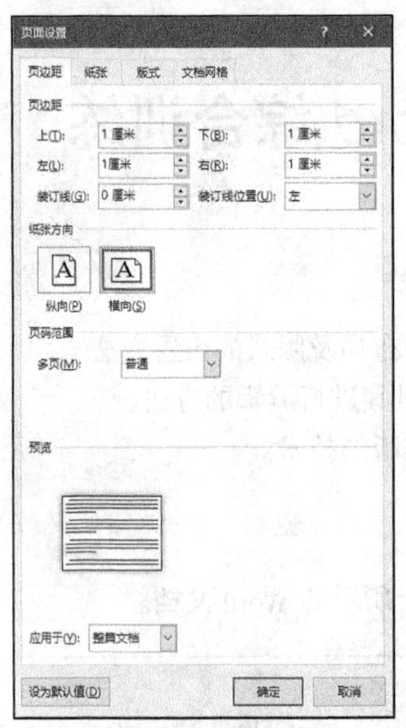

图 z2-2 设置页边距

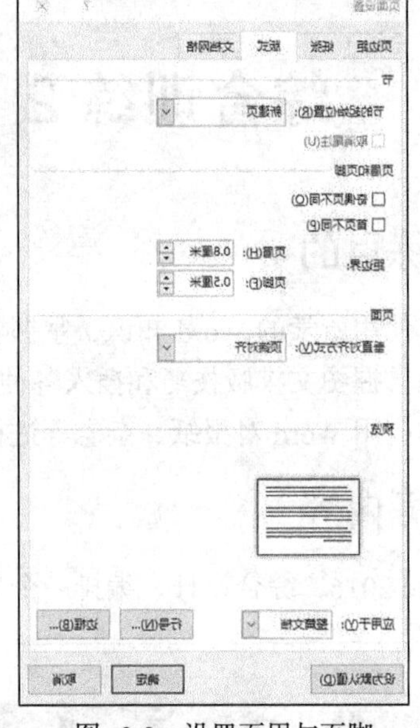

图 z2-3 设置页眉与页脚

②“页眉”选择样式为“朴素型（奇数页）”，在页眉标题中输入文字“电脑学习”，并设置字体为“华文隶书”“小四”，插入当前日期，要求日期可以更新。“页脚”选择样式为“朴素型（偶数页）”，在页脚中输入编辑及联系电话，设置字体为“宋体”“五号”。

综合 2-2 设置页眉与页脚

综合 2-3 设置分栏

综合 2-4 设置文本框和艺术字

提示

在页眉、页脚中，可根据需要自行插入图形、图片、剪贴画或艺术字。

③因为A3纸版面大小是A4纸的两倍，所以可分3栏；利用“分栏”按钮设置文档分栏效果，如图z2-4所示。

（2）文章排版格式要求

①利用“文本框”与“艺术字”的组合设置标题为“电脑学习”“Computer Studies”，将其放置在页面的左上角，并在其右侧插入相关图片，调整位置和大小。

②左侧第1篇文章的标题为“如何正确使用电脑”，将其设置为“标题3”样式，并将格式改为：宋体、14号、加粗、左对齐；正文设置为“正文”样式，并将格式改为：宋体、10.5号、左对齐、单倍行距；在文章左侧插入相关图片，进行图文混排，并调整图片的位置和大小。

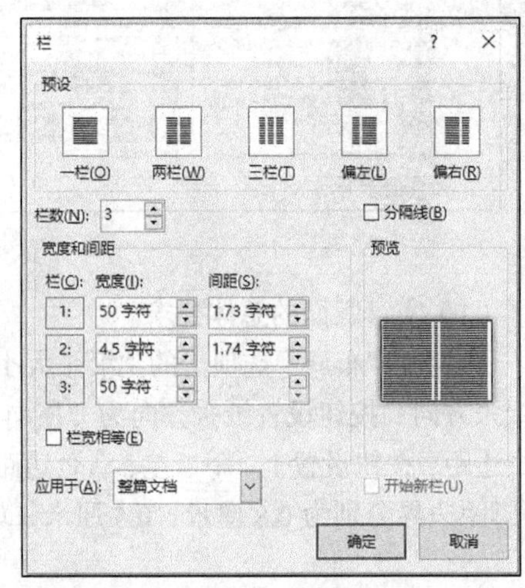

图 z2-4 设置分栏

③左侧第2篇文章和第3篇文章分别用“文本框”定位排版，并设置“文本框”形状轮廓为“透明”，大小调整一致，并在其中插入如图 z2-1 所示的剪贴画，调整剪贴画的位置及大小。

综合 2-5 设置样式

综合 2-6 并排文本框

综合 2-7 项目符号

第 2 篇文章的标题为“让您使用 Word 事半功倍的小技巧”，设置如图 z2-5 所示，并将其设置为“左对齐”；正文设置为“正文”样式，并将格式改为：楷体、12 号、左对齐，行距为固定值 18 磅；在文章底部插入相关剪贴画，做图文混排，调整位置和大小。

第 3 篇文章的标题为“32 位和 64 位操作系统的区别”，将其格式设置为：楷体、12 号、左对齐；正文设置为“正文”样式，并将格式改为：宋体、10.5 号、左对齐、单倍行距；在文章标题右侧插入相关剪贴画，做图文混排，并调整位置和大小。

④中缝的文章：标题“幽默笑话”设置为：华文行楷、22 号、居中对齐；正文内容全部设置为：宋体、10.5 号、左对齐，行距固定值为 13 磅。

⑤右侧第一篇文章的标题“电脑的基础术语”设置为“标题 2”样式，并将格式改为：楷体、20 号、加粗、居中对齐，段前、段后 0 磅、单倍行距；正文设置为“正文”样式，并将格式改为：宋体、10.5 号、左对齐、单倍行距、每段冒号前字符加粗，并为各段文字添加项目符号；在文章标题右侧插入相关图片，进行图文混排，并调整图片的位置和大小。

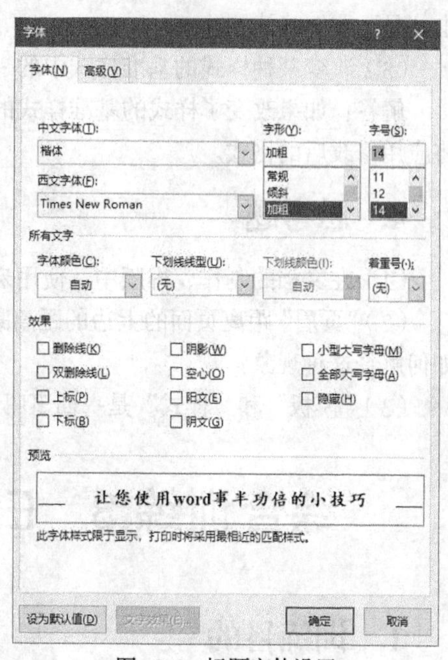

图 z2-5 标题字体设置

⑥右侧第二篇文章用竖排文本框定位排版，标题设置为：宋体、16 号、加粗、顶端对齐、单倍行距，并为其添加红色波浪下画线；正文设置为“正文”样式，并将格式改为：宋体、11 号、左对齐，行距固定值为 21 磅。

⑦右侧表格标题设置为“正文”样式，并将格式改为：宋体、12 号、加粗、居中对齐；插入表格，并对表格进行相应的排版。

⑧最后将有关计算机的素材图片插入到右侧下方，并调整图片大小和位置，完成排版。

综合 2-8 竖排文本框

3. 问题解答

（1）如何将日期作为“域”插入文档？

解答：若要使 Word 能够自动更改日期和时间，则可在“插入”选项的“文本”功能区中，单击“日期和时间”按钮，选择日期和时间格式后，选中“自动更新”复选框。采用此方法插入的日期实际上是一个“域”，单击该域并按【F9】键，Word 就会将其更新为当前日期和时间。

另外，如果将日期作为“域”插入到文档中，但未对其进行更新，则打印出来的日期也可能不正确。如果希望每次打印时都打印出当前的日期，则可令 Word 在打印时自动进行更新，其方法为：依次执行“文件”→“选项”→“显示”命令，然后在“打印”选项卡中选中“打印前自动更新域”复选框，最后单击“确定”按钮即可。

（2）如何删除自定义样式？

解答：在 Word 2016 中，用户不能删除 Word 提供的内置样式，而只能删除用户自定义的样式。删除自定义样式的操作步骤是：打开 Word 2016 文档窗口，在“开始”选项卡的“样式”分组中单击“显示样式窗口”按钮；在打开的“样式”窗格中，用鼠标右键单击准备删除的样式，并在打开的快捷菜单中选择“删除……”命令；打开提示框，询问用户是否确认删除该样式，单击“是”按钮确认删除。

（3）改变某种样式的基准样式中的一些格式设置，对文档有何影响？

解答：如果改变了样式的基准样式的某些格式设置，则文档中基于此基准样式的所有内容都将应用修改后的格式。

4. 思考题

（1）在文档的制作、排版中，使用宏可以产生什么效果？

（2）“页眉”距离页面的上边的距离默认值都是正值，如果将其改为负值将会产生什么现象？如何解释这种现象？

（3）“模板”和“样式”是一回事吗？

综合训练 3　Excel 表格综合使用训练

1. 训练目的

（1）通过实验，了解 Excel 电子表格的功能，掌握运用 Excel 电子表格处理问题的方法。

（2）对 Excel 电子表格的基本操作、公式计算、图表功能和数据管理功能进行综合应用训练。

综合 3　Excel 表格综合使用训练

2. 训练内容

（1）建表

启动 Excel 2016，在“Sheet1”中建立表格（见图 z3-1），输入 A～F 列的基本数据内容（可自行改变数据），输入时可使用序列填充、复制等方法。利用学过的知识对表格进行格式化操作，包括单元格内容、换行、批注、填充、对齐方式、套用表格样式等，使表格分类清晰、易于查看。

输入 A～F 列的基本数据后，将计算得出“应发工资”“扣保险”“扣公积金”“计税金额”“扣税比例”“所得税”“实发工资”列下的数据及“合计”行的数据。

	A	B	C	D	E	F	G	H	I	J	K	L	M
1	序号	姓名	部门	岗位工资	绩效工资	岗位津贴	应发工资	扣保险	扣公积金	计税金额	扣税比例	所得税	实发工资
2	1	AAA1	一车间	19110	200	111							
3	2	AAA2	一车间	17110	200	122							
4	3	AAA3	一车间	18110	200	123							
5	4	AAA4	二车间	11130	230	300							
6	5	AAA5	二车间	11140	230	300							
7	6	AAA6	三车间	15911	210	277							
8	7	AAA7	三车间	15911	210	278							
9	8	AAA8	三车间	15911	210	278							
10	9	AAA9	四车间	15911	240	293							
11		合计											

图 z3-1　工资基本表

（2）计算

①计算“应发工资”：在 G2 单元格中计算序号为“1”的职工的“应发工资”。

“应发工资”由“岗位工资”“绩效工资”及“岗位津贴”相加得到，可自编公式，也可使用求和函数。

②计算“扣保险”：H2 单元格中“扣保险”的计算方法是“应发工资”乘以 0.5%。

③计算“扣公积金”：I2 单元格中“扣公积金”的计算方法是“应发工资”乘以 1%。

④计算“计税金额”：J2 单元格中“计税金额”的计算方法是“应发工资”减去“扣保险”和“扣公积金”，再减去 5000（假设计税起征点为 5000 元）。

⑤计算“扣税比例”：在 K2 单元格中利用“IF”函数及其他函数的嵌套进行计算。首先利用函数“ISNUMBER”检验 J2 单元格是否为数字，如果是，则“扣税比例”计算要求为：当“计税金额”为 0 时，“扣税比例”为 0%；“计税金额”在 2000 元以下时，“扣税比例”为 5%；“计税金额”在 2000 元～4000 元时，“扣税比例”为 10%；“计税金额”在 4000 元～6000 元时，扣税比例为 15%，“计税金额”大于 6000 元时，“扣税比例”为 20%（以上“计税金额”和“扣税比例”均为假设）。

此处会用到“IF”函数的多次嵌套。函数“ISNUMBER”的功能是检验某值或单元格中的内容是否为数字，返回“真”或“假”，格式为：ISNUMBER（要检验的值或单元格名称）。

⑥计算“所得税（即应交个税）”：在 L2 单元格中，“所得税”的计算式为“J2*K2”。

⑦计算“实发工资”：在 M2 单元格中利用自定义公式计算“实发工资”。“实发工资”等于“应发工资”减去“扣保险”“扣公积金”和“所得税”3 项，并用 ROUND 函数直接将结果保留一位小数。将上述公式分别用“填充柄”向下复制。

⑧在第 11 行（合计行）求各项的汇总值。

⑨为 B2 单元格添加“批注”（内容为：一车间主任）。

⑩为 M2:M10 区域单元格的“实发工资”列的数据设置条件格式，选择一种“数据条”填充单元格，如图 z3-2 所示。

	A	B	C	D	E	F	G	H	I	J	K	L	M
1	序号	姓名	部门	岗位工资	绩效工资	岗位津贴	应发工资	扣保险	扣公积金	计税金额	扣税比例	应交个税	实发工资
2	1	AAA1	一车间	15110	600	111	15821	79.105	158.21	10583.69	0.2	2116.74	13466.9
3	2	AAA2	一车间	10110	600	122	10832	54.16	108.32	5669.52	0.15	850.428	9819.1
4	3	AAA3	一车间	12000	600	123	12723	63.615	127.23	7532.155	0.2	1506.43	11025.7
5	4	AAA4	二车间	9130	550	300	9980	49.9	99.8	4830.3	0.15	724.545	9105.8
6	5	AAA5	二车间	9140	550	300	9990	49.95	99.9	4840.15	0.15	726.023	9114.1
7	6	AAA6	三车间	8000	500	277	8777	43.885	87.77	3645.345	0.1	364.535	8280.8
8	7	AAA7	三车间	6000	500	278	6778	33.89	67.78	1676.33	0.05	83.8165	6592.5
9	8	AAA8	三车间	7800	500	278	8578	42.89	85.78	3449.33	0.1	344.933	8104.4
10	9	AAA9	四车间	5600	450	293	6343	31.715	63.43	1247.855	0.05	62.3928	6185.5
11	合计			82890	4850	2082	89822	449.11	898.22	43474.67	1.15	6779.84	81694.8
12													

图 z3-2　数据计算结果

（3）使用数据透视表

①在 M12 单元格中，为每位员工的“实发工资”生成一个“折线型迷你图”，并设置格式。

②要求按照“姓名”或者“部门”检索员工实发工资情况，数据源区域为“$A$1:$M$11”。

③“数据透视表”显示在 Sheet2 中，分别将“序号”作为报表筛选字段，“部门”作为行字段，“姓名”作为列字段，“实发工资”作为数据计算项。

④为数据透视表添加一个切片器，包含“部门”和“实发工资”字段。

⑤从“数据透视表”或切片器中分别查看二车间、三车间和四车间的实发工资情况，最终结果如图 z3-3 所示。

	A	B	C	D	E	F	G	H	I	J	K
1	序号	(全部)									
2											
3	求和项:实发工资	列标签									
4	行标签	AAA1	AAA2	AAA3	AAA4	AAA5	AAA6	AAA7	AAA8	AAA9	总计
5	二车间				9105.8	9114.1					18219.9
6	三车间						8280.8	6592.5	8104.4		22977.7
7	四车间									6185.5	6185.5
8	一车间	13466.9	9819.1	11025.7							34311.7
9	总计	13466.9	9819.1	11025.7	9105.8	9114.1	8280.8	6592.5	8104.4	6185.5	81694.8

部门
二车间
三车间
四车间
一车间

实发工资
6185.5
6592.5
8104.4
8280.8
9105.8
9114.1
9819.1
11025.7

图 z3-3　数据透视表查询结果

⑥将工作表 Sheet1 和 Sheet2 分别重命名为“原始表”和“数据透视表”。

（4）单变量求解

①如果将一车间主任 AAA1 的实发工资上调为“15000”，通过单变量求解计算其“岗位工资”应调整为多少。求解时选择$M$2 为目标单元格，$D$2 为可变单元格。利用此工具可以固定某个值求另一个值的大小。

②观察 D2、M2 的变化情况。

（5）生成图表

①利用图 z3-2 所示的表中的数据将一车间员工的“岗位工资”“应发工资”和“实发工资”3 个数据生成“三维簇状柱型图表”，按同种工资作为一个组生成图表。图表置于数据表下方占据

到第 30 行的位置。

②调整坐标轴刻度，为生成的图表中的“岗位工资”系列添加数据标签，并将其形状改为“部分圆锥”。

③设置图表区的格式、背景、填充效果等。图例显示在图表下方，“姓名”以 45° 方式对齐。

（6）打印工作表

①设置打印区域为“A1:M30”。

②在“页面设置”中设置打印页面纸张为 A4 纸，横向打印，并选定打印顶端标题行和网格线及批注。

③打印页眉、页脚，在页眉中设置“第 1 页，共？页”，页脚设置为“自定义页脚”，居中位置插入时间。

3. 问题解答

（1）用“填充柄”复制公式是相对引用还是绝对引用？

解答：在单元格的相对引用方式中，当将公式复制到新的位置时，若公式中引用的单元格地址是相对引用，则利用“填充柄”复制公式的过程是公式的相对引用；若公式中引用的单元格地址是绝对引用，则利用“填充柄”复制公式的过程也是公式的绝对引用。

（2）相比于“分类汇总”，“数据透视表”有何优点？

解答：在一个“数据透视表”中一个（行）字段可以使用多个“分类汇总”函数；在一个“数据透视表”数据区域中，一个字段可以根据不同的“分类汇总”方式被多次拖动使用。“数据透视表”中的动态视图功能可以将动态汇总中的大量数据收集到一起，其布局可以直接在工作表中更改，交互式的“数据透视表”可以更充分地发挥其强大的功能。

4. 思考题

（1）如何正确地组织和使用“数据透视表”？

（2）如何打印工作表的网格线？

（3）如何拆分和冻结窗口？

综合训练 4　“学生规划诊断”演示文稿设计

1. 训练目的

（1）综合应用所学的 PowerPoint 知识，掌握建立、编辑与格式化演示文稿的基本方法。

（2）掌握在幻灯片中插入并设置各种对象的方法。

（3）掌握设置及放映演示文稿动画的方法。

2. 训练内容

综合 4　“学生规划诊断”演示文稿设计

（1）幻灯片的基本对象。

①启动 PowerPoint 2016，新建“空白演示文稿”，用于制作“学生规划诊断”。文稿整体设计效果如图 z4-1 所示。

②封面幻灯片采用“空白版式”，用艺术字设计标题，内容为“拼的是现在，比的是将来”，副标题用文本占位符，输入“我的未来不是梦”，并配一幅图，如图 z4-1 中的左图所示。

图 z4-1　封面及第 1 页效果

③第 1 页用独特的方式介绍作者。

单击“新建幻灯片”按钮，创建之后的幻灯片，采用“仅标题”版式，如采用名片的方式，内容自定，如图 z4-1 中的右图所示。

④第 2～14 张幻灯片均采用“仅标题”版式，文字内容可参考图 z4-2，也可自行拟定。

封面首页：题目：拼的是现在，比的是将来
第一页：
第二页：自我诊断--------上学十余年，你属于哪一类？
疲于应付考试型：精力不足，总在应对考试，停不下来
迷茫探索人生型：不知道该学什么，如何学，内心无比纠结
外界强迫学习型：学习与外界压力有关，压则进
应付主动间歇型：时而意气风发，时而萎靡懈怠
主动自我奋进型：有追求，有理想，行动力强
第三页：扪心自问------靠你目前的状况将来能过上什么样的生活？
不能自给食宿
只能达到温饱
衣食住行无忧
物质精神双优
第四页：开出处方 A-------寻找属于你的出路
工作是把雕塑刀，决定了你会成为一个怎样的人
做伟大工作的前提条件，是学好你爱学的东西
准备好你将来的“提款机”
第五页：秘方一-----自我探寻四步心法
忆童年，定坐标，问心声，画梦想
第六页：秘方二-----对症下药
针对疲于应付考试型，迷茫探索人生型，比较自我在物质和精神方面的得失，他人在物质和精神方面的得失。
第七页：秘方三-----事件成就法
列出六件自己感到有成就的事情，从兴趣、能力、价值观等方面找出自己在每件事情上的点，其中相同的点，就是适合你做的事。
第八页：开出处方 B-----建立“价值金字塔”
找到自己的禀赋
要么不做，要做就做到极致
钉子法则：成功就是聚焦和投入的乘积
第九页：秘方-----如何建价值金字塔
五步法：学习分析，内观自省，界定现状，制订计划，做到极致
第十页：开出处方 C----迭代学习法
迭代学习法就是在学习某一知识的基础上衍生出对新知识的学习方法。可以用一个大众熟知的事情进行解释
第十一页：开出处方 D----自我管理
将学习任务有序分解到不能再分
珍惜时间，找到你的学习支点
对自己狠一点，不留遗憾
第十二页：总结处方
找到属于自己的路，发现自我价值，事情做到极致，必须自我管理。

图 z4-2　文稿中的文字内容

每张幻灯片中的内容可用不同的自选图形、SmartArt 图形、图片等表述。文稿整体效果如图 z4-3 所示。

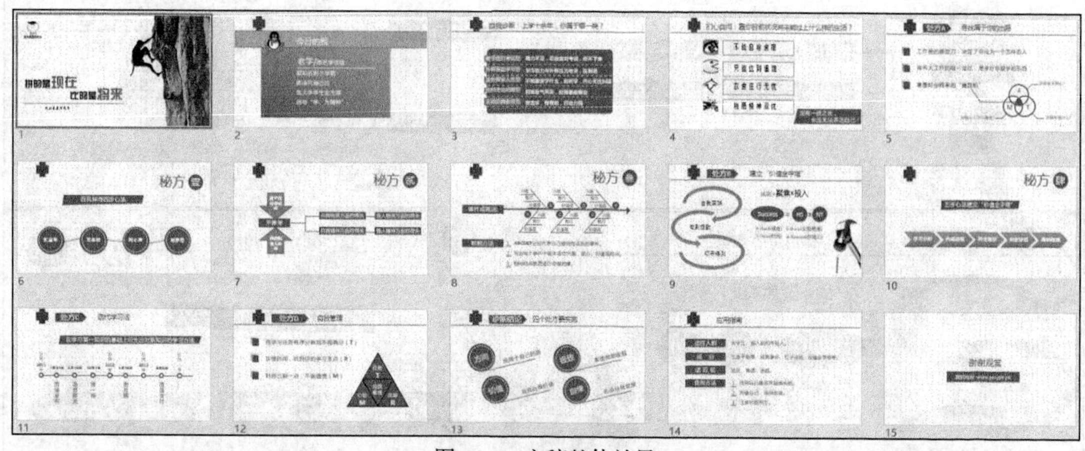

图 z4-3 文稿整体效果

（2）格式化幻灯片。

①逐一设置格式。幻灯片标题字体、所有文本框、所有插入的自选图形等的样式与格式，可以根据需要进行设置。

②设置主题和背景。选择一种主题，要能体现本文稿的内容含义，此例中采用了默认主题，但文稿中文字颜色主色为蓝色。设置背景格式，此处全部幻灯片采用了图案填充中的“虚线网格”。对有不同背景要求的幻灯片可单独修改设置。

③在“幻灯片母版”中插入一个 Logo，此处插入了一个红十字标，在页脚中插入幻灯片编号。每张幻灯片的设计效果如图 z4-4 所示。

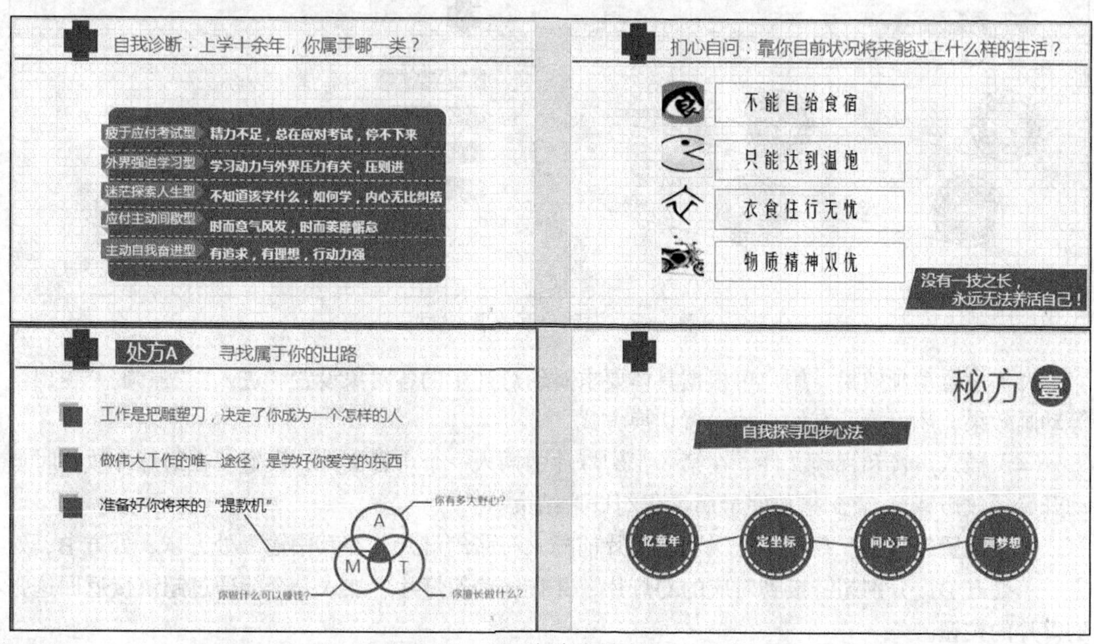

图 z4-4 文稿分页效果

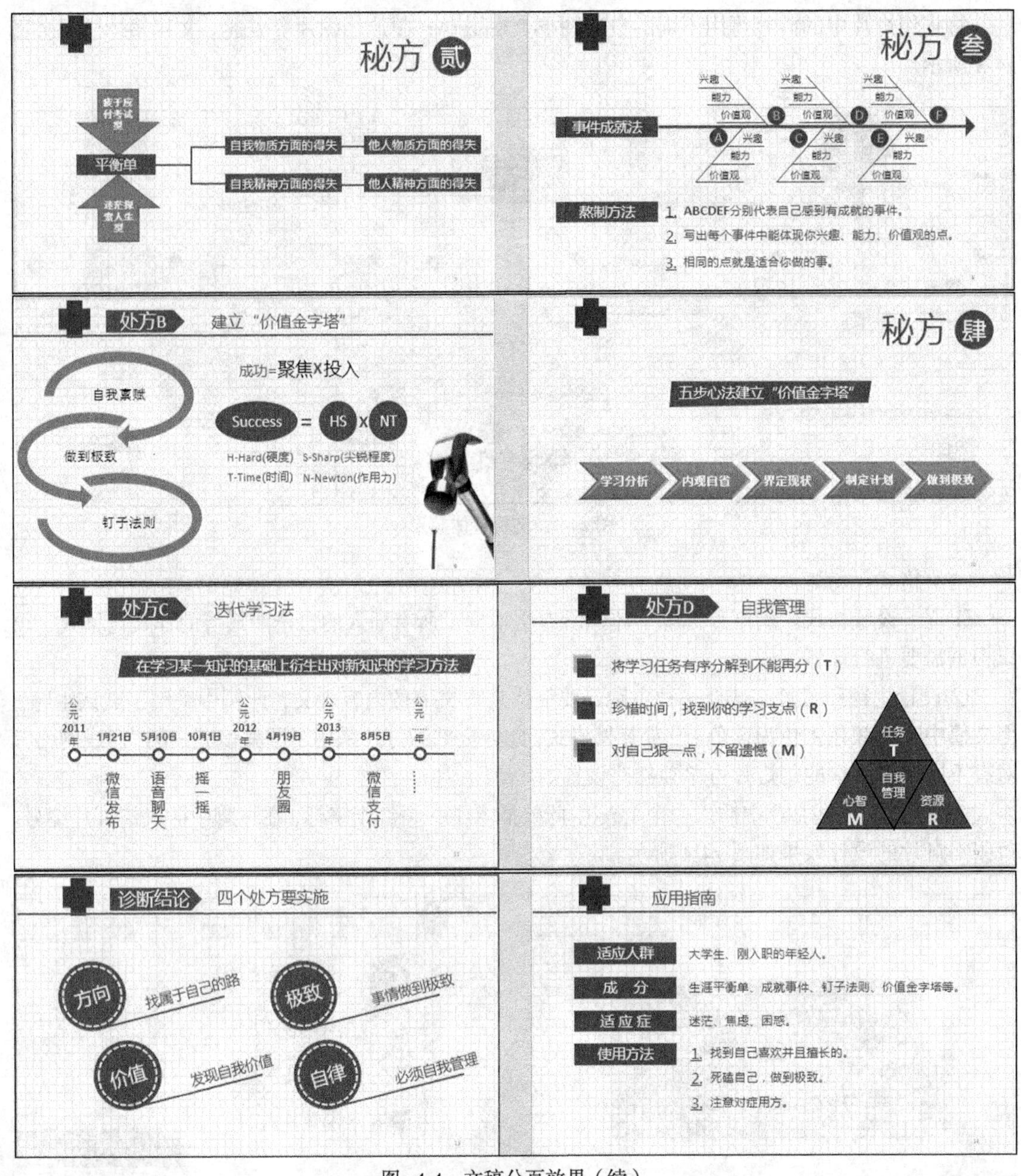

图 z4-4 文稿分页效果（续）

（3）设置动画效果。用户可根据具体要求对幻灯片中的各对象设置“进入”“强调”“退出”等动画效果，还可为所有幻灯片设置切换方式。

（4）插入声音和视频文件。在第一张幻灯片中插入一个声音文件，设置“在幻灯片放映时自动开始播放声音”，直到播放完最后一张幻灯片结束。

（5）设置超链接。在“处方 A”幻灯片前插入一张幻灯片，在其中输入处方 A、处方 B、处方 C、处方 D，分别超链接到对应的幻灯片，并在这些幻灯片中加入一个能通过超链接返回这张幻灯片的按钮。

（6）放映幻灯片。将演讲文稿设置为“演讲者放映（全屏幕）”放映方式，通过“幻灯片放映/排练计时”设置幻灯片放映的时间，使其自动播放。

3. 问题解答

（1）在 PowerPoint 2016 中，幻灯片有哪些放映方式，各有什么特点？

解答：在 PowerPoint 2016 中，可以根据需要使用 3 种不同的方式进行幻灯片的放映，即“演讲者放映（全屏幕）”方式、“观众自行浏览（窗口）”方式以及“在展台浏览（全屏幕）”方式。

“演讲者放映（全屏幕）”是常规的放映方式。在放映过程中，可以手动控制幻灯片的放映进度。如果希望自动放映演示文稿，则可以通过“幻灯片放映/排练计时”来设置幻灯片放映的时间，使其自动播放。

选择“观众自行浏览（窗口）”方式放映，演示文稿将出现在小窗口内，可以通过命令在放映时移动、编辑、复制和打印幻灯片，移动滚动条从一张幻灯片转到另一张幻灯片。

选择“在展台浏览（全屏幕）”方式放映，在每次放映完毕后，若在设定时间内没有进行干预，则会重新自动播放。当选择该项时，PowerPoint 会自动选中“循环放映，Esc 键停止”复选框。若在该对话框的“幻灯片”栏中输入幻灯片的编号，则表示仅播放这些幻灯片。

（2）在 PowerPoint 2016 中，如何使用模板创建演示文稿？

解答：根据 PowerPoint 2016 内置的各种设计模板可以创建新的演示文稿。设计模板就是带有各种幻灯片板式以及配色方案的幻灯片模板。PowerPoint 2016 的“新建”界面提供了多种幻灯片模板，选择其中一个（或选择 Office 提供的在线模板），便可将选中的模板其应用到新幻灯片上。

4. 思考题

（1）PowerPoint 2016 提供了几种创建新文稿的方式。

（2）如何对演示文稿进行打包？

综合训练 5　进销存数据库管理系统的设计

1. 训练目的

（1）通过实验学会在 Access 2016 中创建数据库、创建表结构、设置字段的常用属性。

（2）学会在 Access 2016 中创建窗体及切换面板，利用窗体实现对数据的操作，利用切换面板使用数据库系统。

2. 训练内容

综合 5-1　创建数据库

（1）在 Windows 10 操作系统环境下启动 Access 2016 完成如下操作。

①创建一个名为“家具店进销存系统”的数据库。

②认识数据库所包含的主要对象及文件类型。

③在创建好的数据库中使用“设计视图”创建数据表，具体设置如表 z5-1～表 z5-3 所示。

④保存表，关闭数据库。

表 z5-1 货物表

字段名称	数据类型	宽度	是否主键	标题
mc	短文本	40	是	货物名称
lx	短文本	20	否	货物类型
cs	短文本	20	否	生产厂商

表 z5-2 进货明细表

字段名	数据类型	宽度	小数位数	是否主键	标题
bh	短文本	5		是	进货编号
mc	短文本	40		否	货物名称
gg	短文本	10		否	货物规格
lx	短文本	10		否	类型
sl	数字	整型		否	进货数量
jhjg	数字	小数	2	否	进货原价
jhrq	日期/时间	短日期		否	进货日期
cs	短文本	20		否	厂商

表 z5-3 销售明细表

字段名	数据类型	宽度	小数位数	是否主键	验证规则	标题
bh	短文本	5		是		货物编号
mc	短文本	40		否		货物名称
gg	短文本	10		否		货物规格
sl	数字	整型		否		销售数量
xsjg	数字	小数	2	否	xsjg>=jj	销售价格
xsrq	日期/时间	短日期		否		销售日期
yf	数字	整型		否		运费
jhjg	数字	小数	2	否		货物进价

（2）打开已创建好的数据库，对其中的数据表进行如下操作。

①在已创建好的 3 个数据表中输入数据，内容如图 z5-1～图 z5-3 所示。

②建立表之间的关系：选择“数据库工具”选项卡下的“关系”选项，打开“关系”窗口，在“关系”窗口中为 3 张数据表创建关系，并且选中“实施参照完整性”“级联更新相关字段”复选框，如图 z5-4 所示。

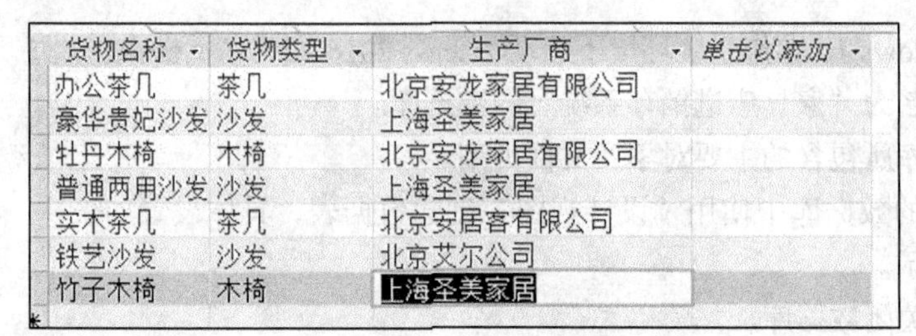

货物名称	货物类型	生产厂商	单击以添加
办公茶几	茶几	北京安龙家居有限公司	
豪华贵妃沙发	沙发	上海圣美家居	
牡丹木椅	木椅	北京安龙家居有限公司	
普通两用沙发	沙发	上海圣美家居	
实木茶几	茶几	北京安居客有限公司	
铁艺沙发	沙发	北京艾尔公司	
竹子木椅	木椅	上海圣美家居	

图 z5-1 货物表数据

进货编号	货物名称	货物规格	货物类型	进货数量	进货价格	进货日期	厂商
10101	办公茶几	1.2	茶几	10	268	2018/7/1	北京安龙家居
10102	豪华贵妃沙发	1.5	沙发	5	3500	2018/6/19	上海圣美家居
10103	牡丹木椅	66	木椅	10	120	2018/6/20	北京安龙家居
10104	普通两用沙发	1.8	沙发	5	2800	2018/7/2	上海圣美家居
10105	实木茶几	1.2	茶几	10	1800	2018/7/6	北京安居客有
10106	铁艺沙发	1.5	沙发	3	2400	2018/6/27	北京艾尔公司
10107	竹子木椅	88	木椅	20	130	2018/7/6	上海圣美家居
*				0			

图 z5-2　进货明细表数据

货物编号	货物名称	货物规格	销售数量	销售价格	销售日期	运费	进货价格
10101	办公茶几	1.2	1	548	2018/7/10	120	268
10102	豪华贵妃沙发	1.5	2	5800	2018/7/11	240	3500
10103	牡丹木椅	66	1	260	2018/7/13	50	120
10104	普通两用沙发	1.8	2	4200	2018/7/19	320	2800
10105	实木茶几	1.2	1	3200	2018/7/20	80	1800
10106	铁艺沙发	1.5	2	4800	2018/7/12	100	2400
10107	竹子木椅	88	5	350	2018/7/20	30	130
*			0	0		0	

图 z5-3　销售明细表数据

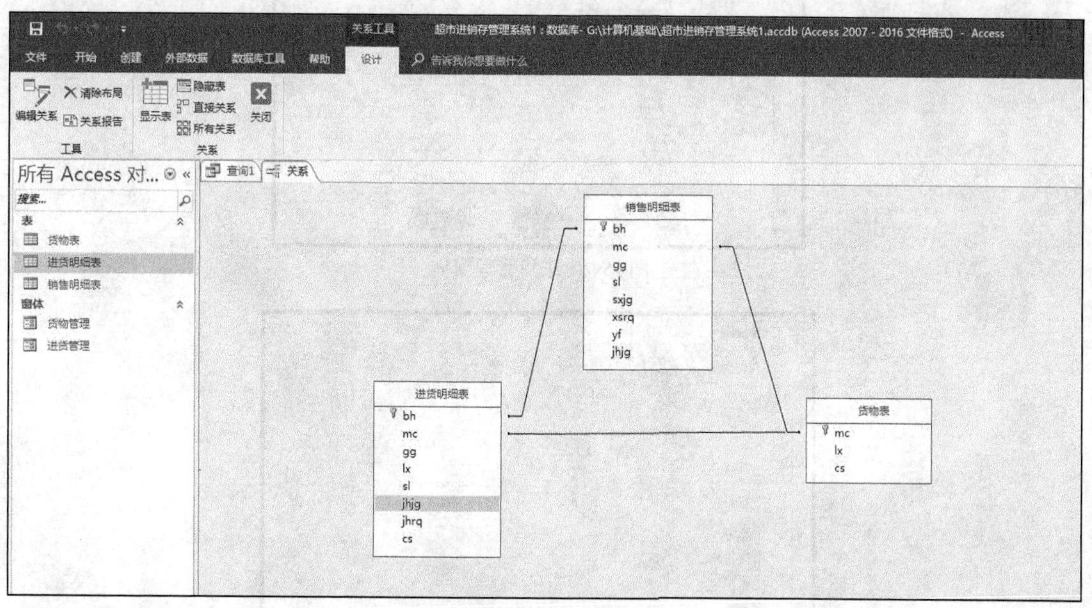

图 z5-4　表间关系

（3）创建查询。

①在“查询设计”中添加“库存明细表”，要求能检索现有各种货物库存量情况，并输出“进货编号”“货物名称”和“库存数量”3 个字段，如图 z5-5 所示。

②保存查询，将其命名为“现有库存量查询”。

（4）创建窗体。

①在“窗体向导”中选择需要创建窗体相关联的数据表，确定选用字段。

②确定窗体使用布局。

③生成“货物管理窗体”“进货管理窗体”和“销售管理窗体”，如图 z5-6～图 z5-8 所示。

综合 5-2　创建表关系

综合 5-3　创建查询

库存信息表

进货编号	货物名称	库存数量
10101	办公茶几	9
10102	豪华贵妃沙发	3
10103	牡丹木椅	9
10104	普通两用沙发	3
10105	实木茶几	9
10106	铁艺沙发	1
10107	竹子木椅	15

图 z5-5　现有库存量查询

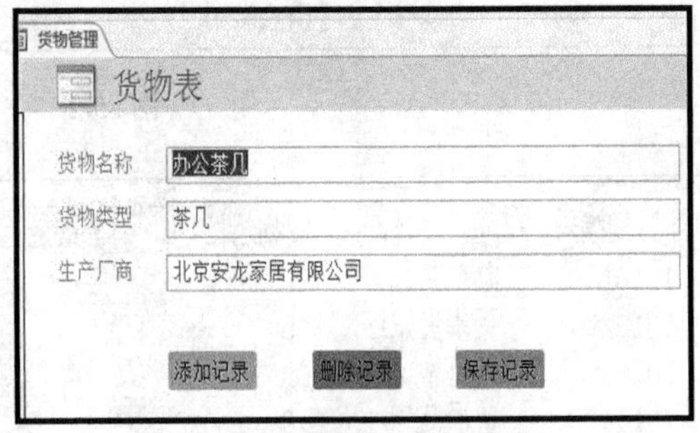

图 z5-6　货物管理窗体

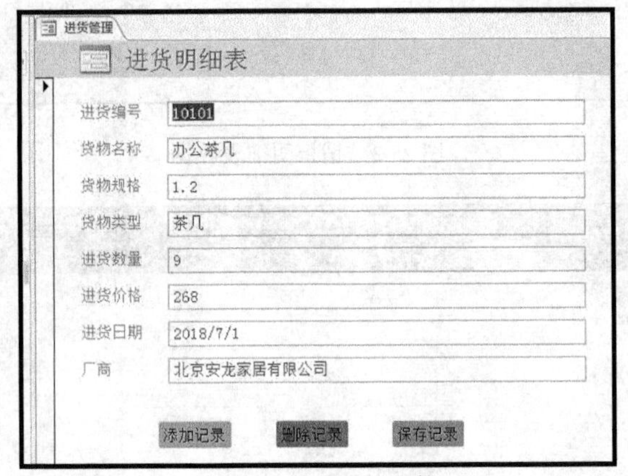

图 z5-7　进货管理窗体

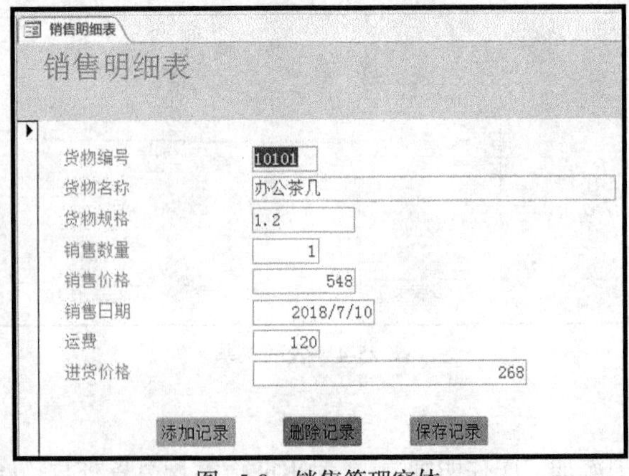

图 z5-8　销售管理窗体

（5）根据销售明细表创建“销售报表”，并对销售数量和销售总金额进行合计，如图 z5-9 所示。

销售明细表							
货物编号	货物名称	货物规格	销售数量	销售价格	销售日期	运费	进货价格
10101	办公茶几	1.2	1	548	2018/7/10	120	268
10102	豪华贵妃沙发	1.5	2	5800	2018/7/11	240	3500
10103	牡丹木椅	66	1	260	2018/7/13	50	120
10104	普通两用沙发	1.8	2	4200	2018/7/19	320	2800
10105	实木茶几	1.2	1	3200	2018/7/20	80	1800
10106	铁艺沙发	1.5	2	4800	2018/7/12	100	2400
10107	竹子木椅	88	5	350	2018/7/20	30	130
合计：			14	19158			

图 z5-9 销售报表

3. 问题解答

（1）如何设置数据库的密码？

解答：以独占方式打开后，选择（功能区中）“数据库工具”选项卡，然后单击“设置数据库密码”按钮。在“设置数据库密码”对话框中，输入密码和验证密码后，单击“确定”按钮即可。

（2）联合查询有哪些功能？

解答：联合查询可合并多个相似的选择查询的结果集。

例如，有两个表，一个用于存储有关客户的信息，另一个用于存储有关供应商的信息，并且这两个表之间不存在任何关系。假设这两个表都有一些存储联系人信息的字段，希望同时查看这两个表中的所有联系人信息，则可以为每个表创建一个选择查询，以便只检索包含联系人信息的那些字段，但返回的信息仍将位于两个单独的位置。当要将两个或更多个选择查询的结果合并到一个结果集中时，就可以使用联合查询。

4. 思考题

（1）若数据表中包含“出生日期”字段，如何生成年龄？

（2）若需要以“数据透视表”的布局方式设计“窗体”，该如何进行设置？

综合训练 6 Visio 2016 综合训练

1. 训练目的

（1）熟练掌握 Visio 2016 的各项基本操作。

（2）能够运用 Visio 2016 独立完成各种图表的制作。

2. 训练内容

（1）利用 Visio 2016 绘制某高校组织结构图，如图 z6-1 所示。

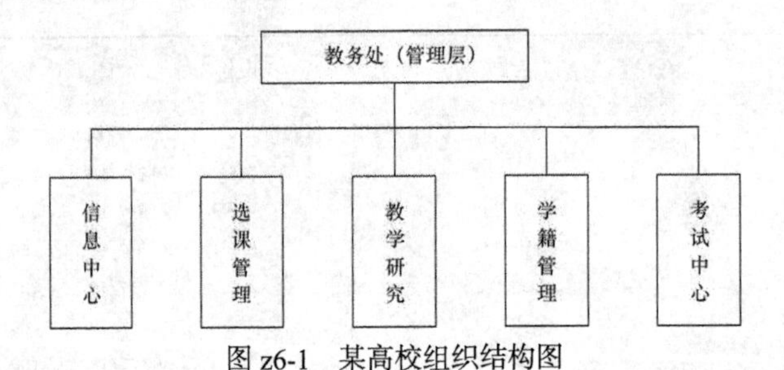

图 z6-1　某高校组织结构图

（2）在高校教学管理中，选课管理是其中极其重要的一项工作安排，选课管理过程如下。

①教师开课。

教师提出开课申请提交审批，通过审批后的课程信息就会进入教学安排。

②学生选课。

- 提供学生浏览全部选修课信息的功能，然后接受学生的选课操作；
- 获取学生及其所选课程的信息后，提供学生浏览自己所选课程的安排情况；
- 在一定的时间内，可以让学生修改自己所选的课程；
- 学生根据教务处提供的课程信息、选课单等进行选课，系统核对选课信息正误，如果正确，则记录到该生课程表；如果错误，则返回，让学生进行修改。
- 将选课系统统计好的课程信息及课程表反馈给学生，供其浏览。

③教务处协调选课。

- 教务处根据教师提交审批的课程编制课程信息供学生浏览；
- 审核学生选课单正误，若正确，则将课程编写进课程表反馈给学生；
- 将学生选课名单情况反馈给教师。

综合 6　选课业务流程图

根据选课过程描述，绘制出图 z6-2 所示的“选课业务流程图”。

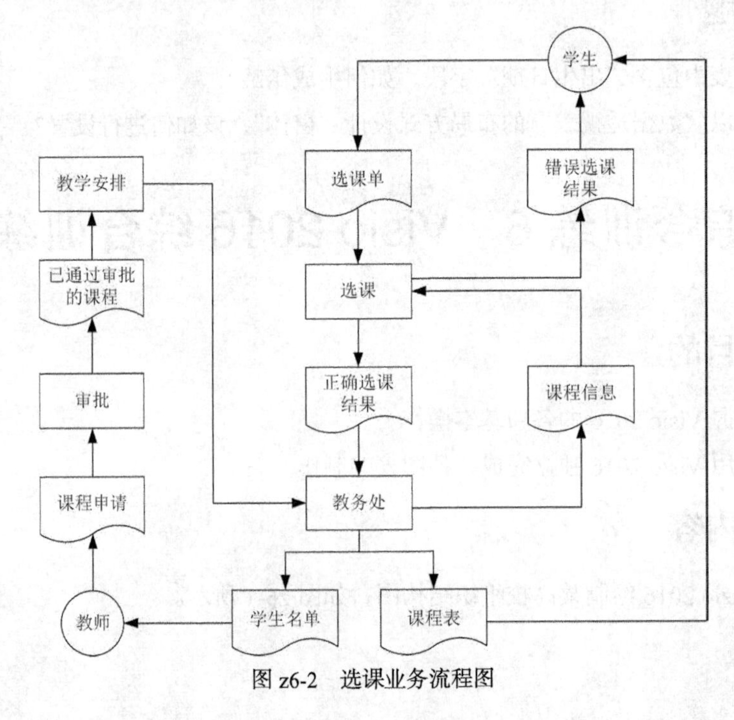

图 z6-2　选课业务流程图

（3）在系统设计过程中，“数据流程图”能反映出信息在系统中产生、传递、加工、存储和使用的全过程。根据系统选课处理可以绘制出图 z6-3 所示的“选课系统顶层数据流程图”。其中，图 z6-3 中的 P2 表示“选课系统”的整体处理功能，再结合上一层数据流程图进行分解细化，可以绘制出图 z6-4 所示的“选课系统数据流程图”，就可将 P2 分解为 P2.1 ~ P2.5 五个子功能。

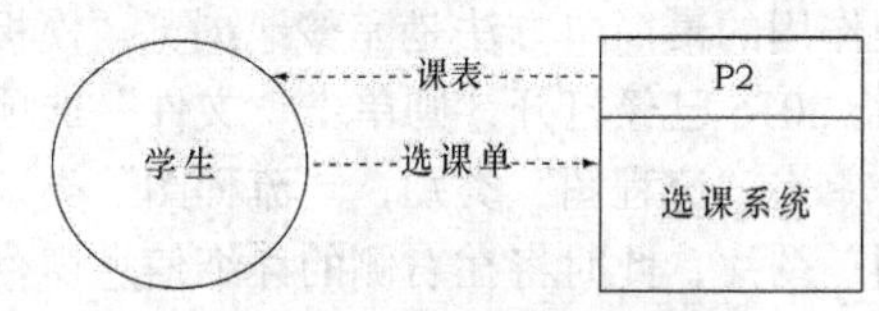

图 z6-3　顶层数据流程图

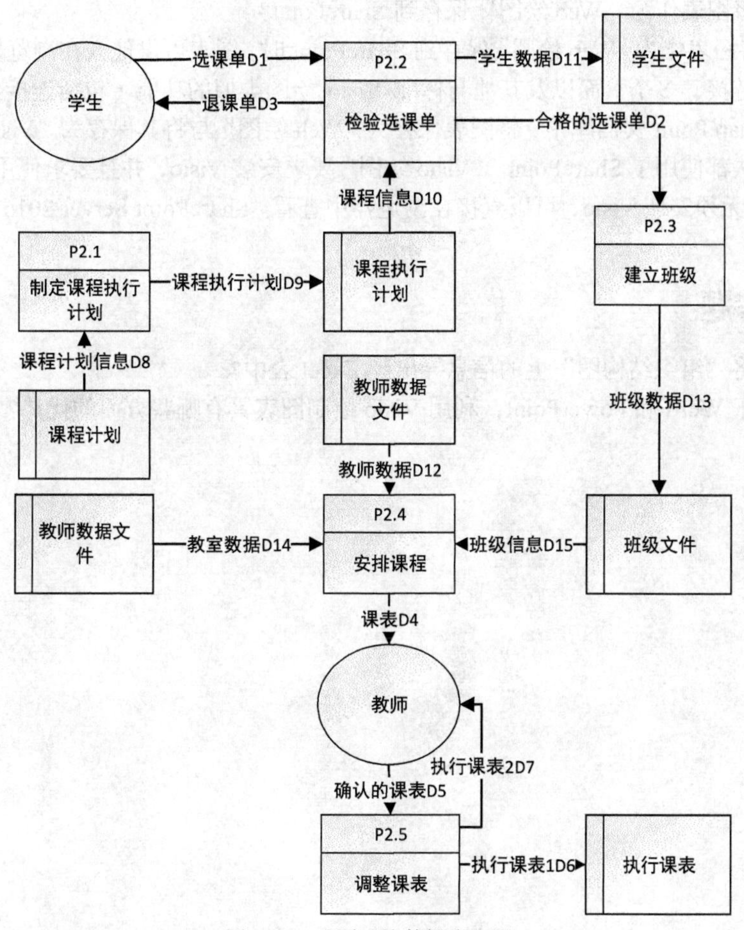

图 z6-4　选课系统数据流程图

提示

①通过形状工具箱选择“形状”→“基本形状”选项，可以绘制“实体”（圆形）、“单证”（文档）和“业务处理”（矩形）；选择“形状”→“更多形状”→“软件和数据库”→“软件”→“Gane-Sarson”选项，可以打开 Gane-Sarson 图形对象集绘制“数据存储”。

②选择“形状”→“更多形状”→“其他 Visio 方案”→“连接符”选项，选择“有向线 1”，利用工具栏中的“铅笔”工具可以绘制“直线补充业务处理”。

3. 问题解答

（1）如何确定每个 Visio 模板的作用？

解答：Visio 2016 提供了许多图表模板和形状，其中有些很简单，有些则相当复杂。每个模板都有不同的用途。确定模板作用的最简单方法是完整地浏览“模板类别”。启动 Visio 2016 并打开“模板类别”，如果 Visio 2016 已经打开，则单击“文件”选项卡→“新建”按钮，在“模板类别”窗口的类别列表中，单击“流程图”类别，“流程图”类别中的所有模板均显示在中间窗口中。再单击“基本流程图”图片，此时将在右侧的详细信息窗格中显示该模板的图像，同时显示此模板作用的简短说明。

（2）如何将图表作为“Web 绘图”保存到 SharePoint？

解答：在将图表作为“Web 绘图”保存到 SharePoint 时，图表可供他人在浏览器中查看。“Web 绘图”具有超链接、多个页面以及其他与标准 Visio 绘图类似的功能（包括连接到外部数据源的功能）。但在 SharePoint 文档库中，将图表保存为“Web 绘图”与将其保存为“Visio 绘图”不同，即便这两种方法都使用了 SharePoint。“Visio 绘图”要求安装 Visio，并且要求使用 Visio 打开；而“Web 绘图”则无须安装 Visio，可以直接在浏览器中查看。SharePoint Server 2016 支持查看“Web 绘图”。

4. 思考题

（1）如何将“组织结构图”上的信息导出到 Excel 表中？

（2）相比于 Word 和 PowerPoint，利用 Visio 绘制图表具有哪些方面的优势？

附　录

附录 A　Win 10 操作系统常用快捷键

Win 10 新增快捷键	
按键	作用
Win + X	快速打开快捷菜单
Win + R	快速打开“运行”窗口
Win + 方向键	快速分屏
Alt + Tab	切换窗口
Win + Tab	任务视图（松开键盘按键，界面不会消失）
Win + Ctrl + D	创建新的虚拟桌面
Win + Ctrl + F4	关闭当前虚拟桌面
Win + Ctrl +左/右方向键	切换虚拟桌面
一般操作快捷键	
按键	作用
F2	重命名
F3	查找
Ctrl+X、C、V	剪切、复制、粘贴
Shift+Delete	彻底删除文件而不放入“回收站”
Alt+Enter	属性
Alt+双击	属性
Ctrl+鼠标右键单击	将其他命令添加到环境菜单上（打开方式）
Shift+双击	如果有“文件资源管理器”命令，则打开“文件资源管理器”管理该对象
Ctrl+将文件拖至文件夹	复制文件
Ctrl+Shift+将文件拖至桌面或文件夹	创建快捷方式
F4（资源管理器）	显示组合框
F5	刷新
F6	在资源管理器中的不同窗格间切换
Ctrl+Z	取消操作
Ctrl+A	全选

续表

一般键盘命令操作快捷键	
按键	作用
F1	帮助
F10	转至菜单模式
Shift+F10	所选项的环境菜单
Ctrl+Esc	“开始”菜单
Shift+F10	打开环境菜单
Alt+Tab	切换到运行程序
Alt+M（集中在任务栏中）	使所有窗口最小化
无障碍操作快捷键	
按键	作用
按 Shift 键 5 次	切换“粘滞键”开/关
按右 Shift 键 8 秒钟	切换“筛选键”开/关
按 NumLock 键 5 秒钟	切换“切换键”开/关
左 Alt+左 Shift+NumLock	切换“鼠标键”开/关
左 Alt+左 Shift+PrintScreen	切换“高对比度”开/关
Win+M	使所有窗口最小化
Shift+Win+M	取消“使所有窗口最小化”
Win+F1	“窗口”帮助
Win+E	“资源管理器”窗口

附录 B　Office 2016 常用快捷键

Office 2016 通用快捷键		
分类	意义	组合键
编辑	复制	Ctrl+C 或 Ctrl+Insert
编辑	覆盖	Insert
编辑	取消操作	Esc
编辑	粘贴	Ctrl+V 或 Shift+Insert
编辑	重复	F4、Alt+Enter 或 Ctrl+Y
编辑，查找	查找	Ctrl+F
编辑，撤销	撤销	Ctrl+Z 或 Alt+BackSpace
编辑，删除	剪切	Ctrl+X 或 Shift+Del
编辑，向右删除	向右删除一个词	Ctrl+Del
编辑，向右删除	向右删除一个字符或清除	Del
编辑，向左删除	向左删除一个词	Ctrl+BackSpace

续表

Office 2016 通用快捷键		
分类	意义	组合键
窗口	还原文档窗口大小	Alt +F5
窗口	文档窗口最大化	Ctrl+F10
定位	定位至上一屏	Page Up
定位	定位至上一行	↑
定位	定位至下一个窗格	F6 或 Shift+F6
定位	定位到下一个窗口	Alt+F6 或 Ctrl+F6
定位	定位至下一屏	Page Down
定位	定位至下一行	↓
定位	定位至行首	Home
定位	定位至行尾	End
定位	向右定位一个词	Ctrl+→
定位	向右定位一个字符	→
定位	向左定位一个词	Ctrl+←
定位	向左定位一个字符	←
格式化	粗体	Ctrl+B
格式化	下画线	Ctrl+U
格式化	斜体	Ctrl+I
格式化	选择字体	Ctrl+Shift+F
格式化	选择字号	Ctrl+Shift+P
工具	拼写检查	F7
其他	帮助	F1
其他	帮助（这是什么）	Shift+F1
其他	激活菜单方式	F10
其他	激活快捷菜单	Shift+F10
其他	激活应用程序窗口图标	Alt+Space
其他	显示 Visual Basic 代码	Alt+F11
其他	打开宏对话框	Alt+F8
文档	保存文档	Ctrl+S、Shift+F12 或 Alt+Shift+F2
文档	打开文档	Ctrl+O 或 Ctrl+F12
文档	打印文档	Ctrl+P 或 Ctrl+Shift+F12
文档	关闭文档	Ctrl+F4 或 Ctrl+W
文档	关闭文档及退出 Word	Alt+F4
文档	另存文档	F12
文档	新建文档	Ctrl+N

续表

Word 2016 常用快捷键		
分类	意义	组合键
表格	拆分表格	Ctrl+Shift+Enter
插入	标记目录项	Alt+Shift+O
定位	定位	F5 或 Ctrl+G
定位	定位光标至上（下）一个段落	Ctrl+↑（↓）
定位	定位至窗口右下角	Alt+Ctrl+PageDown
定位	定位至窗口左下角	Alt+Ctrl+PageUp
定位	定位至前一个窗口	Ctrl+Shift+F6 或 Alt+Shift+F6
定位	定位至文档开始	Ctrl+Home
定位	光标定位至文档结尾	Ctrl+End
定位，表格	定位至表格列首	Alt+Page Up
定位，表格	定位至表格列尾	Alt+Page Down
定位，表格	定位至表格行首	Alt+Home
定位，表格	定位至表格行尾	Alt+End
定位，表格	定位至前一列	Alt+↑
定位，表格	定位至下一个制表位	Ctrl+Tab
定位，表格	定位至下一列	Alt+↓
定位，域	定位至下一个域	F11
定位，域	定位至前一个域	Alt+Shift+F1
格式化	复制格式	Ctrl+Shift+C
格式化	粘贴格式	Ctrl+Shift+V
格式化	自动套用格式	Alt+Ctrl+K
格式化，段落	2 倍行间距	Ctrl+2
格式化，段落	分散对齐	Ctrl+Shift+J
格式化，段落	减少首行缩进	Ctrl+Shift+T
格式化，段落	减少左缩进	Ctrl+Shift+M
格式化，段落	居中对齐	Ctrl+E
格式化，段落	两端对齐	Ctrl+J
格式化，段落	取消段落格式化	Ctrl+Q
格式化，段落	1.5 倍行间距	Ctrl+5
格式化，段落	单倍行间距	Ctrl+1
格式化，段落	右对齐	Ctrl+R
格式化，段落	在段前添加一行间距	Ctrl+0
格式化，段落	增加首行缩进	Ctrl+T
格式化，段落	增加左缩进	Ctrl+M
格式化，段落	左对齐	Ctrl+L

续表

Word 2016 常用快捷键

分类	意义	组合键
格式化，字体	Symbol 字体	Ctrl+ Shift+Q
格式化，字体	粗体	Ctrl+B
格式化，字体	改变大小写	Shift+F3
格式化，字体	格式化字体	Ctrl+D
格式化，字体	减小字号	Ctrl+Shift+,
格式化，字体	取消字符格式	Ctrl+Space
格式化，字体	取消字符格式	Ctrl+Shift+Z
格式化，字体	全部小写	Ctrl+Shift+K
格式化，字体	上标	Ctrl+Shift+ =
格式化，字体	所有字符都大写	Ctrl+Shift+A
格式化，字体	下标	Ctrl+ =
格式化，字体	下画线	Ctrl+Shift+U
格式化，字体	斜体	Ctrl+Shift+I
格式化，字体	隐藏	Ctrl+Shift+H
格式化，字体	增大字号	Ctrl+Shift+.
格式化，字体	逐磅减小字号	Ctrl+[
格式化，字体	逐磅增大字号	Ctrl+]
工具	信息检索	Alt+Shift+F7
工具	同义词库	Shift+F7
工具	下一个拼写错误	Alt+F7
其他	更新源文档	Ctrl+Shift+F7
其他	关闭窗格	Alt+ Shift+C
其他	链接前一个页眉\页脚	Alt+Shift+R
视图	大纲视图	Alt+Ctrl+O
视图	普通视图	Alt+Ctrl+N
视图	显示全部非打印字符	Ctrl+Shift+8
视图	显示修订标记	Ctrl+Shift+E
视图	页面视图	Alt+Ctrl+P
文档	打印预览文档	Alt+Ctrl+I
文档	打印预览文档	Ctrl+F2
选择	方形选择	按住 Alt 后拖动鼠标
选择	扩展所选内容	Ctrl+Shift+F8
选择	扩展选择	F8
选择	全选	Ctrl+A、三击左侧或 Ctrl+单击左侧

续表

Word 2016 常用快捷键		
分类	意义	组合键
选择	缩小选择区域	Shift+F8
选择	向上选择一屏	Shift+Page Up
选择	向上选择一行	Shift+ ↑
选择	向下选择一屏	Shift+Page Down
选择	向下选择一行	Shift+ ↓
选择	选择至窗口底部	Alt+Ctrl+Shift+Page Down
选择	选择至窗口顶部	Alt+Ctrl+Shift+Page Up
选择	向右选择一个词	Ctrl+ Shift+→
选择	向右选择一个字符	Shift+→
选择	向左选择一个词	Ctrl+ Shift+←
选择	向左选择一个字符	Shift+←
选择	选择一个词	双击鼠标
选择	选择一个段落	双击左侧
选择	选择一个段落	三击鼠标
选择	选择一个句子	Ctrl+单击鼠标
选择	选择一行	单击左侧
选择	选择至单击处	Shift+单击鼠标
选择	选择至段落首	Ctrl+ Shift+ ↑
选择	选择至段落尾	Ctrl+ Shift+ ↓
选择	选择至文档首	Ctrl+ Shift+Home
选择	选择至文档尾	Ctrl+ Shift+End
选择	选择至行首	Shift+Home
选择	选择至行尾	Shift+End
选择，表格	选择前一单元格	Shift+Tab
选择，表格	选择下一单元格	Tab
选择，表格	选择整列	单击列表顶部
选择，表格	选择整行	单击行的左侧
选择，表格	选择至表格列首	Alt+Shift+Page Up
选择，表格	选择至表格列尾	Alt+Shift+Page Down
选择，表格	选择至表格行首	Alt+Shift+Home
选择，表格	选择至表格行尾	Alt+Shift+End
样式	编号样式	Ctrl+Shift+L
样式	标题 1 样式	Alt+Ctrl+1
样式	标题 2 样式	Alt+Ctrl+2

续表

Word 2016 常用快捷键		
分类	意义	组合键
样式	标题 3 样式	Alt+Ctrl+3
样式	选择样式	Ctrl+Shift+S
样式	正文样式	Ctrl+Shift+N
Excel 2016 常用快捷键		
分类	意义	组合键
编辑	（在插入了超链接的单元格中）打开超链接文件	Enter
编辑	定义名称	Ctrl+F3
编辑	取消隐藏列	Ctrl+Shift+0
编辑	取消隐藏行	Ctrl+Shift+9
编辑	使用行或列标定义名称	Ctrl+Shift+F3
编辑	显示隐藏“常用”工具栏	Ctrl+7
编辑	隐藏列	Ctrl+0
编辑	隐藏行	Ctrl+9
编辑	在隐藏对象、显示对象与对象占位符之间切换	Ctrl+6
编辑，分组	创建组	Alt+Shift+→
编辑，分组	取消组	Alt+Shift+←
编辑，分组	显示/隐藏分组符号	Ctrl+8
编辑数据	插入单元格/行/列	Ctrl+Shift+=
编辑数据	删除所选区域	Ctrl+ -
编辑数据	删除所选区域的内容	Delete
插入	插入超链接	Ctrl+K
插入	插入批注	Shift+F2
插入	插入日期	Ctrl+;
插入	插入时间	Ctrl+ Shift+:
插入	插入自动求和公式	Alt+ =
插入，工作表	插入一个宏工作表	Ctrl+F11
插入，工作表	插入一个工作表	Shift+F11 或 Alt+ Shift+F1
插入，工作表	使用当前数据建立一个图表工作表	F11 或 Alt+F1
查找	查找	Shift+F5
查找	继续查找	Shift+F4
定位	定位	F5
定位	定位到 A1 单元格	Ctrl+Home
定位	定位到拆分窗格中的上一个窗格	Shift+F6
定位	定位到拆分窗格中的下一个窗格	F6

续表

Excel 2016 常用快捷键

分类	意义	组合键
定位	定位到上一个工作表	Ctrl+Page Up
定位	定位到数据结束处	Ctrl+End
定位	定位到数据区域边	Ctrl+方向键
定位	定位到下一个单元格	方向键
定位	定位到下一个工作表	Ctrl+Page Down
定位	定位到行首	Home
定位	定位到已打开的上一个工作簿	Ctrl+ Shift+F6 或 Tab
定位	定位到已打开的下一个工作簿	Ctrl+F6 或 Tab
定位	定位到右一屏	Alt+Page Down
定位	定位到左一屏	Alt+Page Up
定位	向上移动	Shift+Enter
定位	向下移动	Enter
定位	向右移动	Tab
定位	向左移动	Shift+Tab
定位，End	进入、退出 End 模式	End
定位，End	在 End 模式下，定位到数据块的边界处	方向键
定位，End	在 End 模式下，定位到右下角的单元格中	Home
定位，End	在 End 状态中，定位到最右边界处	Enter
格式化	打开单元格格式对话框	Ctrl+1
格式化	打开样式对话框	Alt+ ‘
格式化	对所选区域制作外框线	Ctrl+Shift+&
格式化	删除线	Ctrl+5
格式化	移去所选区域的外框线	Ctrl+ Shift+ –
格式化	应用“常规”数字格式	Ctrl+ Shift+ ~
格式化	应用两位小数、负数为括号的货币格式	Ctrl+Shift+$
格式化	应用两位小数的科学记数法	Ctrl+Shift+^
格式化	应用没有小数的百分数格式	Ctrl+Shift+%
格式化	应用年–月–日的日期格式	Ctrl+Shift+#
格式化	应用时–分，标明 AM 或 PM 的时间格式	Ctrl+Shift+@
输入数据	（输入公式名后）打开公式向导框	Ctrl+A

续表

Excel 2016 常用快捷键		
分类	意义	组合键
输入数据	（输入公式名后）得到公式中的变量名和括号	Ctrl+ Shift+A
输入数据	切换显示单元格数值/公式	Ctrl+、
输入数据	编辑活动单元格	F2
输入数据	定位到行首	Home
输入数据	复制上一行单元格的数据	Ctrl+D
输入数据	复制上一行单元格中的公式	Ctrl+ ‘
输入数据	复制上一行单元格中的计算结果数据	Ctrl+ Shift+ ‘
输入数据	复制左列单元格的数据	Ctrl+R
输入数据	计算当前工作表中的公式	Shift+F9
输入数据	计算所有工作表中的公式	F9
输入数据	插入函数	Shift+F3
输入数据	将名称粘贴到公式中	F3
输入数据	将输入的内容填充到所选单元格区域中	Ctrl+Enter
输入数据	开始输入公式	=
输入数据	取消输入	ESC
输入数据	删除当前单元格内容或删除光标右侧的字符	Delete
输入数据	删除当前单元格内容或删除光标左侧的字符	BackSpace
输入数据	删除光标至行尾的所有字符	Ctrl+Delete
输入数据	完成单元格输入定位到上一行的单元格	Shift+Enter
输入数据	完成单元格输入定位到下一行的单元格	Enter
输入数据	完成单元格输入定位到右列的单元格	Tab
输入数据	完成单元格输入定位到左列的单元格	Shift+Tab
输入数据	显示“记忆式输入”列表	Alt+↓
输入数据	在单元格中换行	Alt+Enter
选择	将选择区域扩展到 A1 单元格	Ctrl+ Shift+Home
选择	将选择区域扩展到行首	Shift+Home
选择	将选择区域扩展到工作表的最后一个包含数据的单元格	Ctrl+ Shift+End
选择	将选择区域扩展到与活动单元格同一行或同一列的最后一个非空白单元格	Ctrl+Shift+方向键

续表

Excel 2016 常用快捷键		
分类	意义	组合键
选择	将选择区域扩展到一个单元格宽度	Shift+方向键
选择	将选择区域向上扩展一屏	Shift+Page Up
选择	将选择区域向下扩展一屏	Shift+Page Down
选择	取消扩展选择方式	Shift+F8
选择	进入扩展选择方式，可以使用方向键进行选择	F8
选择	如果已经选择了多个单元格，则只选择其中的活动单元格	Shift+BackSpace
选择	将选择区域扩展到工作表的最后一个包含数据的单元格	Ctrl+Shift+End
选择	将选择区域扩展到行首	Shift+Home
选择	选择当前单元格所从属的数组单元格区域	Ctrl+/
选择	选择当前单元格周围的区域	Ctrl+ Shift+*
选择	选择当前选择区域中的可见单元格	Alt+;
选择	选择所选区域中公式的直接或间接引用单元格	Ctrl+Shift+[
选择	选择所选区域中的直接引用单元格	Ctrl+[
选择	选择所有带批注的单元格	Ctrl+Shift+O
选择	选择整个工作表	Ctrl+A
选择	选择整列	Ctrl+Space
选择	选择整行	Shift+Space
选择	选择直接或间接引用当前单元格的公式所在的单元格	Ctrl+ Shift+]
选择，工作表	选择当前和上一个工作表	Ctrl+ Shift+Page Up
选择，工作表	选择当前和下一个工作表	Ctrl+ Shift+Page Down
选择，数据透视表	（选择数据透视表标题后）打开标题列表	Alt+↓
选择，数据透视表	完成在标题列表中的设置并显示所选内容	Enter
选择，图表	在图表状态下，选择前一个图表项组	↓
选择，图表	在图表状态下，选择下一个图表项组	↑
选择，自动筛选	打开当前列的自动筛选列表	Alt+↓
选择，自动筛选	关闭当前列的自动筛选列表	Alt+↑

续表

PowerPoint 2016 常用快捷键		
分类	意义	组合键
定位	定位到上一个段落	Ctrl+Page Up
定位	定位到下一个工作表	Ctrl+Page Down
定位	定位到文本框开始处	Ctrl+Home
定位	定位到文本框结束处	Ctrl+End
定位	定位到下一个文本框	Ctrl+Enter
选择	选择右侧一个字符	Shift+→
选择	选择左侧一个字符	Shift+←
选择	选择右侧一个词	Ctrl+ Shift+→
选择	选择左侧一个词	Ctrl+ Shift+←
选择	向上选择一行	Shift+↑
选择	向下选择一行	Shift+↓
选择	顺序选择一个对象	Tab
选择	反序选择一个对象	Shift+Tab
选择	（选择了文本框后）选择文本框内的文字	Enter
选择	（在幻灯片视图中）选择全部对象	Ctrl+A
选择	（在幻灯片浏览视图中）选择全部幻灯片	Ctrl+A
选择	（在大纲视图中）选择全部文字内容	Ctrl+A
选择	增大字号	Ctrl+Shift+.
选择	减小字号	Ctrl+Shift+,
放映	下一个幻灯片	Enter 或 Page Down 或→或↓或 Space 或单击鼠标左键
放映	前一个幻灯片	P 或 Page Up 或←或↑或 Backspace
放映	第 n 张幻灯片	n+Enter
放映	黑屏	B 或.
放映	白屏	W 或;
放映	停止/启动自动放映	S 或+
放映	结束放映	Esc 或 Ctrl+Break 或 -
放映	清除绘制笔	E
放映	放映下一张隐藏幻灯片	H
放映	重新设置预演时间	T
放映	恢复预演时间	O
放映	箭头/绘制笔的切换	Ctrl+P 或 Ctrl+A
放映	立即隐藏箭头和按钮	Ctrl+H

续表

PowerPoint 2016 常用快捷键		
分类	意义	组合键
放映	15 秒内隐藏箭头和按钮	Ctrl+U
放映	显示快捷菜单	Shift+F10 或单击鼠标右键
放映	打开第一个或下一个超链接	Tab

附录 C　Excel 常用函数汇编

数据库函数	
函数	说明
DAVERAGE	返回所选数据库条目的平均值
DCOUNT	计算数据库中包含数字的单元格的数量
DCOUNTA	计算数据库中非空单元格的数量
DGET	从数据库中提取符合指定条件的单个记录
DMAX	返回所选数据库条目的最大值
DMIN	返回所选数据库条目的最小值
DPRODUCT	将数据库中符合条件的记录的特定字段中的值相乘
DSTDEV	基于所选数据库条目的样本估算标准偏差
DSTDEVP	基于所选数据库条目的样本总体计算标准偏差
DSUM	对数据库中符合条件的记录的字段列中的数字进行求和
DVAR	基于所选数据库条目的样本估算方差
DVARP	基于所选数据库条目的样本总体计算方差
日期和时间函数	
函数	说明
DATE	返回特定日期的序列号
DATEVALUE	将文本格式的日期转换为序列号
DAY	将序列号转换为月份日期
DAYS360	以一年包含 360 天为基准计算两个日期间的天数
EDATE	返回用于表示开始日期之前或之后月数的日期的序列号
EOMONTH	返回指定月数之前或之后的月份的最后一天的序列号
HOUR	将序列号转换为小时
MINUTE	将序列号转换为分钟
MONTH	将序列号转换为月
NETWORKDAYS	返回两个日期间的全部工作日数
NOW	返回当前日期和时间的序列号
SECOND	将序列号转换为秒
TIME	返回特定时间的序列号
TIMEVALUE	将文本格式的时间转换为序列号
TODAY	返回当前日期的序列号
WEEKDAY	将序列号转换为星期日期
WEEKNUM	将序列号转换为代表该星期为一年中第几周的数字
WORKDAY	返回指定的若干个工作日之前或之后的日期的序列号

续表

日期和时间函数	
函数	说明
YEAR	将序列号转换为年
YEARFRAC	返回代表 start_date 和 end_date 之间整天天数的年分数
逻辑函数	
函数	说明
AND	如果其所有参数均为 TRUE，则返回 TRUE
FALSE	返回逻辑值 FALSE
IF	指定要执行的逻辑检测
IFERROR	如果公式的计算结果错误，则返回指定的值；否则返回公式的结果
NOT	对其参数的逻辑求反
OR	如果任一参数为 TRUE，则返回 TRUE
TRUE	返回逻辑值 TRUE
查找和引用函数	
函数	说明
ADDRESS	以文本形式将引用值返回到工作表的单个单元格
AREAS	返回引用中涉及的区域个数
CHOOSE	从值的列表中选择值
COLUMN	返回引用的列号
COLUMNS	返回引用中包含的列数
HLOOKUP	查找数组的首行，并返回指定单元格的值
HYPERLINK	创建快捷方式或跳转，以打开存储在网络服务器、Intranet 或 Internet 上的文档
INDEX	使用索引从引用或数组中选择值
INDIRECT	返回由文本值指定的引用
LOOKUP	在向量或数组中查找值
MATCH	在引用或数组中查找值
OFFSET	从给定引用中返回引用偏移量
ROW	返回引用的行号
ROWS	返回引用中的行数
TRANSPOSE	返回数组的转置
VLOOKUP	在数组第一列中查找，然后在行之间移动以返回单元格的值
数学和三角函数	
函数	说明
ABS	返回数字的绝对值
ACOS	返回数字的反余弦值
ACOSH	返回数字的反双曲余弦值
ASIN	返回数字的反正弦值
ASINH	返回数字的反双曲正弦值
ATAN	返回数字的反正切值
ATAN2	返回 x 和 y 坐标的反正切值
ATANH	返回数字的反双曲正切值
CEILING	将数字舍入为最接近的整数或最接近的指定基数的倍数
COMBIN	返回给定数目对象的组合数

续表

数学和三角函数	
函数	说明
COS	返回数字的余弦值
COSH	返回数字的双曲余弦值
DEGREES	将弧度转换为度
EVEN	将数字向上舍入到最接近的偶数
EXP	返回 e 的 *n* 次方
FACT	返回数字的阶乘
FACTDOUBLE	返回数字的双倍阶乘
FLOOR	向绝对值减小的方向舍入数字
GCD	返回最大公约数
INT	将数字向下舍入到最接近的整数
LCM	返回最小公倍数
LN	返回数字的自然对数
LOG	返回数字的以指定数为底的对数
LOG10	返回数字的以 10 为底的对数
MDETERM	返回数组的矩阵行列式的值
MINVERSE	返回数组的逆矩阵
MMULT	返回两个数组的矩阵乘积
MOD	返回除法的余数
MROUND	返回一个舍入到所需倍数的数字
MULTINOMIAL	返回一组数字的多项式
ODD	将数字向上舍入为最接近的奇数
PI	返回 π 的值
POWER	返回数的乘幂
PRODUCT	将其参数相乘
QUOTIENT	返回除法的整数部分
RADIANS	将度转换为弧度
RAND	返回 0 和 1 之间的一个随机数
RANDBETWEEN	返回位于两个指定数之间的一个随机数
ROMAN	将阿拉伯数字转换为文本式罗马数字
ROUND	将数字按指定位数舍入
ROUNDDOWN	向绝对值减小的方向舍入数字
ROUNDUP	向绝对值增大的方向舍入数字
SERIESSUM	返回基于公式的幂级数的和
SIGN	返回数字的符号
SIN	返回给定角度的正弦值
SINH	返回数字的双曲正弦值
SQRT	返回正平方根
SQRTPI	返回某数与 π 的乘积的平方根
SUM	求参数的和
SUMIF	按给定条件对指定单元格求和

续表

数学和三角函数	
函数	说明
SUMIFS	在区域中添加满足多个条件的单元格
SUMPRODUCT	返回对应的数组元素的乘积和
SUMSQ	返回参数的平方和
SUMX2MY2	返回两数组中对应值平方差之和
SUMX2PY2	返回两数组中对应值的平方和之和
SUMXMY2	返回两个数组中对应值差的平方和
TAN	返回数字的正切值
TANH	返回数字的双曲正切值
TRUNC	将数字截尾取整

统计函数	
函数	说明
AVEDEV	返回数据点与它们的平均值的绝对偏差平均值
AVERAGE	返回其参数的平均值
AVERAGEA	返回其参数的平均值，包括数字、文本和逻辑值
AVERAGEIF	返回区域中满足给定条件的所有单元格的平均值（算术平均值）
AVERAGEIFS	返回满足多个条件的所有单元格的平均值（算术平均值）
BETA.DIST	返回 Beta 累积分布函数
BETA.INV	返回指定 Beta 分布的累积分布函数的反函数
BINOM.DIST	返回一元二项式分布的概率值
CHI.DIST	返回 x^2 分布的右尾概率
CHI.INV	返回 x^2 分布的右尾概率的反函数
CHISQ.TEST	返回独立性检验值
CONFIDENCE	返回总体平均值的置信区间
CORREL	返回两个数据集之间的相关系数
COUNT	计算参数列表中数字的个数
COUNTA	计算参数列表中值的个数
COUNTBLANK	计算区域内空白单元格的数量
COUNTIF	计算区域内符合给定条件的单元格的数量
COUNTIFS	计算区域内符合多个条件的单元格的数量
DEVSQ	返回偏差的平方和
EXPON.DIST	返回指数分布
F.DIST	返回 F 概率分布
F.INV	返回 F 概率分布的反函数值
FISHER	返回 Fisher 变换值
FISHER.INV	返回 Fisher 变换的反函数值
FORECAST	返回沿线性趋势的值
FREQUENCY	以垂直数组的形式返回频率分布
F.TEST	返回 F 检验的结果
GAMMA.DIST	返回 γ 分布
GAMMA.INV	返回 γ 累积分布函数的反函数

续表

统计函数	
函数	说明
GAMMALN	返回 γ 函数的自然对数，$\Gamma(x)$
GEOMEAN	返回几何平均值
GROWTH	返回沿指数趋势的值
HARMEAN	返回调和平均值
HYPGEOM.DIST	返回超几何分布
INTERCEPT	返回线性回归线的截距
KURT	返回数据集的峰值
LARGE	返回数据集中第 k 个最大值
LINEST	返回线性趋势的参数
LOGEST	返回指数趋势的参数
LOGNORM.DIST	返回对数累积分布函数
MAX	返回参数列表中的最大值
MAXA	返回参数列表中的最大值，包括数字、文本和逻辑值
MEDIAN	返回给定数值集合的中值
MIN	返回参数列表中的最小值
MINA	返回参数列表中的最小值，包括数字、文本和逻辑值
MODE	返回在数据集内出现次数最多的值
NEGBINOM.DIST	返回负二项式分布
NORM.DIST	返回正态累积分布
NORM.INV	返回标准正态累积分布的反函数
NORM.S.DIST	返回标准正态累积分布
NORM.S.INV	返回标准正态累积分布函数的反函数
PEARSON	返回 Pearson 乘积矩相关系数
PERCENTILE	返回区域中数值的第 k 个百分点的值
PERCENTRANK	返回数据集中值的百分比排位
PERMUT	返回给定数目对象的排列数
POISSON	返回泊松分布
PROB	返回区域中的数值落在指定区间内的概率
QUARTILE	返回一组数据的四分位点
RANK	返回一列数字的数字排位
RSQ	返回 Pearson 乘积矩相关系数的平方
SKEW	返回分布的不对称度
SLOPE	返回线性回归线的斜率
SMALL	返回数据集中的第 k 个最小值
STANDARDIZE	返回正态化数值
STDEV	基于样本估算标准偏差
STDEVA	基于样本（包括数字、文本和逻辑值）估算标准偏差
STDEVP	基于整个样本总体计算标准偏差
STDEVPA	基于总体（包括数字、文本和逻辑值）计算标准偏差
STEYX	返回通过线性回归法预测每个 x 的 y 值时所产生的标准误差

续表

统计函数	
函数	说明
T.DIST	返回学生的 t 分布
T.INV	返回学生的 t 分布的反函数
TREND	返回沿线性趋势的值
TRIMMEAN	返回数据集的内部平均值
T.TEST	返回与学生的 t 检验相关的概率
VAR	基于样本估算方差
VARA	基于样本（包括数字、文本和逻辑值）估算方差
VAR.P	计算基于样本总体的方差
VARPA	计算基于总体（包括数字、文本和逻辑值）的标准偏差
WEIBULL	返回 Weibull 分布
Z.TEST	返回 z 检验的单尾概率值
文本函数	
函数	说明
ASC	将字符串中的全角（双字节）英文字母或片假名更改为半角（单字节）字符
BAHTTEXT	使用 ß（泰铢）货币格式将数字转换为文本
CHAR	返回由代码数字指定的字符
CLEAN	删除文本中所有的非打印字符
CODE	返回文本字符串中第一个字符的数字代码
CONCATENATE	将几个文本项合并为一个文本项
DOLLAR	使用$（美元）货币格式将数字转换为文本
EXACT	检查两个文本值是否相同
FIND	在一个文本值中查找另一个文本值（区分大小写）
FIXED	将数字格式设置为具有固定小数位数的文本
JIS	将字符串中的半角（单字节）英文字母或片假名更改为全角（双字节）字符
LEFT	返回文本值中最左边的字符
LEN	返回文本字符串中的字符个数
LOWER	将文本转换为小写
MID	从文本字符串中的指定位置开始，返回特定个数的字符
PHONETIC	提取文本字符串中的拼音（汉字注音）字符
PROPER	将文本值的每个字的首字母大写
REPLA	替换文本中的字符
REPT	按给定次数重复文本
RIGHT	返回文本值中最右边的字符
SEARC	在一个文本值中查找另一个文本值（不区分大小写）
SUBSTITUTE	在文本字符串中用新文本替换旧文本
T	将参数转换为文本
TEXT	设置数字格式并将其转换为文本
TRIM	删除文本中的空格
UPPER	将文本转换为大写形式
VALUE	将文本参数转换为数字

附录D 自测题

自 测 题 一

一、选择题（单选）

1. 下列叙述错误的是（　　）。

A. 第四代计算机的逻辑原件是中、小规模集成电路

B. 世界上第一台电子计算机诞生于 1946 年

C. 数制中有数位、基数和位权 3 个要素

D. BCD 码是用四位二进制数表示一个十进制数的编码

2. 计算机内部对数据的传输、存储和处理都使用（　　）。

A. 十进制　　B. 八进制　　C. 二进制　　D. 十六进制

3. 任何程序必须加载到（　　）中才能被 CPU 执行。

A. 高速缓存　　B. 内存　　C. 中央处理器　　D. 硬盘存储器

4. 用户查找文件时，可以使用的通配符是（　　）。

A. #和*　　B. *和?　　C. @和?　　D. %和*

5. 使用 Word 2016 编辑文档时，所见即所得的视图是（　　）。

A. 普通视图　　B. Web 视图　　C. 大纲视图　　D. 页面视图

6. Office 2016 中所支持的 Word、Excel 和 PPT 的默认格式是（　　）。

A. .doc/.doc/.pptx　　B. .docx/.xlsx/.ppt

C. .docx/.xlsx/.pptx　　D. .doc/.xls/.ppt

7. Windows 的许多应用程序的“文件”菜单中，都有“保存”和“另存为”两个命令，下列说法中正确的是（　　）。

A. “保存”命令只能用原文件名存盘，“另存为”不能用原文件名存盘

B. “保存”命令不能用原文件名存盘，“另存为”只能用原文件名存盘

C. “保存”命令只能用原文件名存盘，“另存为”也能用原文件名存盘

D. “保存”和“另存为”命令都可用任意的文件名存盘

8. 将二进制数 11101. 010 转换成十进制数应该是（　　）。

A. 29.25　　B. 29.75　　C. 31.25　　D. 29.5

9.（　　）是对单元格 C2 的绝对引用。

A. C2　　B. *C*2　　C. $C$2　　D. C:2

10. 存储一个 48×48 点阵的汉字字形码，需要（　　）字节。

A. 72　　B. 256　　C. 288　　D. 512

11. 按电子计算机传统的分代方法，第四代计算机采用的元器件是（　　）。

A. 电子管　　B. 中小规模集成电路

C. 晶体管　　D. 超大规模集成电路

12. 在计算机系统软件中，最基本、最核心的软件是（　　）。

A. 操作系统　　B. 数据库管理系统

C. 程序语言处理系统　　D. 系统维护

13. 在 Office 2016 中，呈灰色显示的菜单项意味着（　　）。

A. 该菜单命令当前不能选用　　B. 选中该菜单后将弹出对话框

C. 该菜单正在使用　　D. 该菜单命令对应的功能已被破坏

14. 字长是 CPU 的主要性能指标之一，它表示（　　）。

A. CPU 一次能处理二进制数据的位数　　B. CPU 最长的十进制整数的位数

C. CPU 最大的有效数字位数　　D. CPU 计算结果的有效数字长度

15. 下列关于中文 Word 的特点描述正确的是（　　）。

A. 只能通过使用"打印预览"才能看到打印出来的效果

B. 所见即所得

C. 不能进行图文混排

D. 无法检查常见的英文拼写及语法错误

16. 下列关于计算机病毒的叙述中，正确的是（　　）。

A. 计算机病毒的特点之一是具有免疫性

B. 计算机病毒是一种有逻辑错误的小程序

C. 反病毒软件必须随着新病毒的出现而升级，才能提高查、杀病毒的能力

D. 感染过计算机病毒的计算机具有对该病毒的免疫性

17. 用来存储当前正在运行的应用程序和其相应数据的存储器是（　　）。

A. ROM　　B. RAM

C. 硬盘　　D. CD-ROM

18. 十进制数 25 转化为二进制数为（　　）。

A. 11001　　B. 10011

C. 11011　　D. 10101

19. 若微机系统需要热启动，应同时按下组合键（　　）。

A.【Ctrl+Alt+Break】　　B.【Ctrl+Esc+Del】

C.【Ctrl+Alt+Del】　　D.【Ctrl+Shift+Break】

20. 对 Windows 应用程序窗口进行快速重新排列（平铺或层叠）的方法是（　　）。

A. 可通过工具栏按钮实现　　B. 可通过任务栏快捷菜单实现

C. 可用鼠标调整和拖动窗口实现　　D. 可通过"开始"菜单下的"设置"命令实现

21. 世界上公认的第一台电子计算机诞生在（　　）。

A. 中国　　B. 美国　　C. 英国　　D. 日本

22.（　　）是计算机系统的核心，计算机发生的所有动作都是受其控制的。

A. 内存　　B. CPU　　C. 主板　　D. 硬盘

23. 在 Excel 表格中，对数据名单分类汇总前，需要进行的操作是（　　）。

A. 排序　　B. 筛选　　C. 合并计算　　D. 制定单元格

24. 在 Word 文档中，若要一次更正多处同样的错误，正确的方法是（　　）。

A. 插入光标逐字查找，删除错误文字后输入正确文字

B. 使用"编辑"菜单中的"替换"命令

C. 使用"撤销"与"恢复"命令

D. 使用"定位"命令

25. 下列软件中，属于系统软件的是（　　）。

A. 航天信息系统　　B. Office 2016　　C. Windows 10　　D. 决策支持系统

26. 内存储器的特点是（　　）。
A. 容量大，速度快　　B. 容量大，速度慢
C. 容量小，速度慢　　D. 容量小，速度快
27. PowerPoint 2016 处理的主要对象是（　　）。
A. 文字　　B. 数据　　C. 网页　　D. 幻灯片
28. 以下 4 个数均未注明是哪一种数制，但（　　）一定不是二进制数。
A. 112011　　B. 1101　　C. 10011　　D. 1011
29. 计算机的硬盘和光盘是（　　）。
A. 计算机的内部存储器　　B. 计算机的外部存储器
C. 随机存储器　　D. 分别是内部存储器、外部存储器
30. 以下哪一项可能是一个合法的电子邮件地址（　　）。
A. Mail.neu.edu.cn　　B. Abc@
C. Abc@263.net　　D. Abc@202.118.10.169
31. 下列设备中属于输入设备的是（　　）。
A. 显示器　　B. 话筒　　C. 激光打印机　　D. 音箱
32. 在下列四个数中，数据值最大的数是（　　）。
A. 56　　B. $(1101111)_2$　　C. $(56)_8$　　D. $(1F)_{16}$
33. 选定一片范围后，按住（　　）键，还可以选择另一片范围。
A.【Ctrl】　　B.【Alt】　　C.【Shift】　　D.【Del】
34. 在 Excel 2016 窗口中，由行、列相交组成的小方格称为（　　）。
A. 编辑区　　B. 单元格　　C. 记录　　D. 字段
35. 二进制数据单位中 1KB 等于（　　）。
A. 1000B　　B. 1000b　　C. 1024B　　D. 1024b
36. RAM 代表的是（　　）。
A. 只读存储器　　B. 高速缓存器　　C. 随机存储器　　D. 软盘存储器
37. 计算机存储数据的最小单位是二进制的（　　）。
A. 位（比特）　　B. 字节　　C. 字长　　D. 千字节
38. 在 Word 2016 中，若要计算表格中某行数值的总和，可使用的统计函数是（　　）。
A. Sum()　　B. Total()　　C. Count()　　D. Average()
39. 计算机硬件的五大部件是指（　　）。
A. RAM、运算器、磁盘驱动器、键盘、I/O 接口
B. ROM、控制器、打印机、显示器、键盘
C. 存储器、鼠标器、键盘、微处理器
D. 运算器、控制器、存储器、输入设备、输出设备
40. Excel 2016 单元格引用是基于工作表的列标和行号，有绝对引用和相对引用两种，在进行绝对引用时，需在列标和行号前都添加（　　）符号。
A. ?　　B. *　　C. #　　D. $
41. Windows 10 属于（　　　　）。
A. 硬件系统　　B. 系统软件　　C. 应用软件　　D. 辅助设计
42. 下列设备中属于输入设备的是（　　）。
A. 显示器　　B. 鼠标　　C. 激光打印机　　D. 绘图仪
43. 世界上第一台电子计算机问世的时间是（　　）年。

A. 1946　　B. 1947　　C. 1951　　D. 1952

44. 属于计算机软件的是（　　）。

A. 光电输入机　　B. 软盘

C. 硬盘　　D. 操作系统

45. 在 Windows 10 中，单击屏幕最右下角的按钮，可以（　　）。

A. 显示“开始菜单”　　B. 打开程序

C. 显示桌面　　D. 调整分辨率

46. Excel 2016 公式的前缀是（　　）。

A. !　　B. >

C. =　　D. <

47. 下列说法中正确的是（　　）。

A. U 盘存储的信息在断电后会丢失　　B. 硬盘存储的信息在断电后会丢失

C. CD-ROM 存储的信息在断电后会丢失　　D. RAM 存储的信息在断电后会丢失

48. Word 文档扩展名为（　　）。

A. .txt　　B. .docx　　C. .elx　　D. .dbf

49. 在 Excel 2016 单元格引用中，E5:E7 单元格区域包含（　　）。

A. 2 个单元格　　B. 3 个单元格　　C. 4 个单元格　　D. 12 个单元格

50. 计算机中用来表示信息的最小单位是（　　）。

A. 字节　　B. 字长　　C. 位　　D. 双字

二、填空题

1. 从硬件来看，计算机先后经历了______、______、______以及超大规模集成电路 4 个发展阶段。

2. 没有软件的计算机称为______。

3. 中央处理器简称为______，由两部分组成：______和______，是整个计算机系统的指挥中心。

4. Word 2016 文件的后缀名是______。

5. 操作系统属于______软件，暴风影音属于______软件。

6. 磁盘存储器是一种______部存储器。

7. 计算机软件分为______和______两大类。

8. 一个完整的计算机系统应该包括______和______两个部分。

9. 8 位二进制称为一个______。

10. 电子邮件英文简称______。

11. 二进制数 1011011 等于十进制数______。

12. 用 PowerPoint 2016 创建的用于演示的文件称为______。

13. 在计算机内部，一切信息存取、处理和传递的形式是______。

14. 计算机由______、______、______、______、______五大部件组成。

15. 在 Word 2016 中，文本被剪切后暂时保存在______。

16. 二进制数据单位中，b 表示______，B 表示______。

17. 对文字和符号进行数字化处理，目前使用最普遍的字符编码是______。

18. 在对文件夹中的多个不连续的对象进行选定操作时，要结合使用______键。

19. ROM 是______存储器，RAM 是______存储器，一般我们所说的内存指的是______。

20. 在计算机中，反映 CPU 品质的重要性能指标是______和______。

三、判断题（正确的打√，否则打×）

1. 使用 Word 2016 编辑文本时，若要删除文本区中某段文本的内容，则可先选取该段文本，再按【Delete】键。(　　)

2. 在 Word 2016 中，建立交叉引用的项目必须在同一个主控文档中。(　　)

3. 用 Word 2016 制作的表格大小有限制，一般表格的大小不能超过一页。(　　)

4. 在 Word 2016 中编辑文稿，要实现文字绕图的效果，只能在图文框中进行。(　　)

5. 在 Word 2016 中，使用“查找”命令查找的内容，可以是文本和格式，也可以是它们的任意组合。(　　)

6. 删除选定的文本内容时，【Delete】键和退格键的功能相同。(　　)

7. Word 2016 中的“样式”，实际上是一系列预置的排版命令，使用样式的目的是为了确保所编辑的文稿格式编排具有一致性。(　　)

8. Word 2016 中的“宏”是一系列 Word 命令的集合，可利用宏录制器创建宏，宏录制器不能录制文档正文中的鼠标操作，只能录制键盘操作，但可用鼠标操作来执行命令和选择选项。(　　)

9. 打开一个 Excel 2016 文件就是打开一张工作表。(　　)

10. 在 Excel 2016 中，若要删去某单元格的批注，可以使用“编辑”菜单的“删除”命令。(　　)

11. 在 Excel 2016 中，对单元格内数据进行格式设置，必须要选定该单元格。(　　)

12. 在 PowerPoint 2016 中演示文稿是以“.pps”为文件扩展名进行保存的。(　　)

13. 没有安装 PowerPoint 2016 应用程序的计算机也可以放映演示文稿。(　　)

14. 对设置了排练时间的幻灯片，也可以手动控制其放映。(　　)

15. 在 PowerPoint 2016 中，用户修改了配色方案以后，可以将其添加为“标准”配色方案，供以后使用。(　　)

自测题二

一、选择题（单选）

1. Word 2016 文档存入磁盘后，文件的扩展名为（　　）。

A. .txt　　B. .docx　　C. .xlsx　　D. .pdf

2. 单击（　　）按钮，都可以将选定的文字复制到剪贴板上。

A. 剪切或粘贴　　B. 复制或粘贴　　C. 剪切或复制　　D. 剪切或撤销

3. 在 Excel 2016 环境下建立的工作簿文件的扩展名为（　　）。

A. .docx　　B. .xlsx　　C. .txt　　D. .dbf

4. 在 Excel 2016 窗口中，由行、列相交组成的小方格称为（　　）。

A. 编辑区　　B. 单元格　　C. 记录　　D. 字段

5. 若要实现文字的替换操作，则应使用（　　）组中的“替换”命令。

A. 文件　　B. 编辑　　C. 视图　　D. 格式

6. 选定一片单元格区域后，按住（　　）键，还可以选定另一片单元格区域。

A.【Ctrl】　　B.【Alt】　　C.【Shift】　　D.【Del】

7. 移动鼠标到选定区域的（　　），拖动鼠标就可以实现选定区域的移动。

A. 内部　　B. 外部　　C. 边缘　　D. 内部左上角单元

8. 在 PowerPoint 2016 软件中，可以为文本、图形等对象设置动画效果，以突出重点或增加演示文稿的趣味性。可设置的动画效果类型不包括（　　）。

A. 进入　　B. 强调　　C. 退出　　D. 飞入

9. 在幻灯片放映时，用户可以利用“绘图笔”在幻灯片上写字或绘画，这些内容（　　）。

A. 自动保存在演示文稿中　　B. 可以保存在演示文稿中

C. 在本次演示中不可擦除　　D. 不可以保存在演示文稿中

10. 在编辑演示文稿时，要在幻灯片中插入表格、剪贴画或照片等图形，应在（　）中进行。

A. 备注页视图　　B. 幻灯片浏览视图

C. 幻灯片窗格　　D. 大纲窗格

11. 世界上公认的第一台电子计算机诞生的年代是（　）。

A. 20 世纪 30 年代　　B. 20 世纪 40 年代

C. 20 世纪 80 年代　　D. 20 世纪 90 年代

12. 20GB 的硬盘表示容量约为（　）。

A. 20 亿个字节　　B. 20 亿个二进制位

C. 200 亿个字节　　D. 200 亿个二进制位

13. 在微机中，西文字符所采用的编码是（　）。

A. EBCDIC　　B. ASCII　　C. 国标码　　D. BCD

14. 计算机安全是指计算机资产安全，即（　）。

A. 计算机信息系统资源不受自然有害因素的威胁和损害

B. 信息资源不受自然和人为有害因素的威胁和损害

C. 计算机硬件系统不受人为有害因素的威胁和损害

D. 计算机信息系统资源和信息资源不受自然和人为有害因素的威胁和损害

15. 度量计算机运算速度常用的单位是（　）。

A. MIPS　　B. MHz　　C. MB/s　　D. Mbps

16. 在下列设备组中，完全属于计算机输出设备的一组是（　）。

A. 喷墨打印机、显示器、键盘　　B. 激光打印机、键盘、鼠标

C. 键盘、鼠标、扫描仪　　D. 打印机、绘图仪、显示器

17. 计算机操作系统的主要功能是（　）。

A. 管理计算机系统的软、硬件资源，以充分发挥计算机资源的效率，并为其他软件提供良好的运行环境

B. 把高级程序设计语言和汇编语言编写的程序翻译到计算机硬件可以直接执行的目标程序，为用户提供良好的软件开发环境

C. 对各类计算机文件进行有效的管理，并提交计算机硬件进行高效处理

D. 为用户提供方便的操作和使用计算机的方法

18. 计算机软件的确切含义是（　）。

A. 计算机程序、数据与相应文档的总称

B. 系统软件与应用软件的总和

C. 操作系统、数据库管理软件与应用软件的总和

D. 各类应用软件的总称

19. 下列关于计算机病毒的叙述中，错误的是（　）。

A. 计算机病毒具有潜伏性

B. 计算机病毒具有传染性

C. 感染过计算机病毒的计算机具有对该病毒的免疫性

D. 计算机病毒是一个特殊的寄生程序

20. 在一个非零无符号二进制整数之后添加一个 0，则此数的值为原数的（　）。

A. 4 倍　　B. 2 倍　　C. 1/2 倍　　D. 1/4 倍

21. 以下关于编译程序的说法正确的是（　　）。
A. 编译程序属于计算机应用软件，所有用户都需要编译程序
B. 编译程序不会生成目标程序，而是直接执行源程序
C. 编译程序完成高级语言程序到低级语言程序的等价翻译
D. 编译程序构造比较复杂，一般不进行出错处理
22. 用高级程序设计语言编写的程序（　　）。
A. 计算机能直接执行　　B. 具有良好的可读性和可移植性
C. 执行效率高　　D. 依赖于具体机器
23. 一个完整的计算机系统的组成部分的确切提法应该是（　　）。
A. 计算机主机、键盘、显示器和软件　　B. 计算机硬件和应用软件
C. 计算机硬件和系统软件　　D. 计算机硬件和软件
24. 运算器的完整功能是进行（　　）。
A. 逻辑运算　　B. 算术运算和逻辑运算
C. 算术运算　　D. 逻辑运算和微积分运算
25. 计算机网络最突出的优点是（　　）。
A. 资源共享和快速传输信息　　B. 高精度计算和收发邮件
C. 运算速度快和快速传输信息　　D. 存储容量大和高精度
26. 以太网的拓扑结构是（　　）。
A. 星形　　B. 总线型　　C. 环形　　D. 树形
27. 能直接与CPU交换信息的存储器是（　　）。
A. 硬盘存储器　　B. CD-ROM　　C. 内存储器　　D. U盘存储器
28. 组成计算机指令的两部分是（　　）。
A. 数据和字符　　B. 操作码和地址码
C. 运算符和运算数　　D. 运算符和运算结果
29. 正确的IP地址是（　　）。
A. 202.112.111.1　　B. 202.2.2.2.2
C. 202.202.1　　D. 202.257.14.13
30. 如需上网，则应在计算机上安装（　　）。
A. 数据库管理软件　　B. 视频播放软件
C. 浏览器软件　　D. 网络游戏软件
31. 某Word文档中有一个5行4列的表格，如果要将另外一个文本文件中5行文字复制到该表格中，并且使其正好成为该表格的一列内容，最优的操作方法是（　　）。
A. 在文本文件中选中这5行文字，复制到剪贴板，然后回到Word中，将光标置于指定列的第一个单元格，将剪贴板内容粘贴过来
B. 将文本文件中的5行文字，一行一列地复制，粘贴到Word表格对应的5个单元格
C. 将文本文件中的5行文字，复制到剪贴板，然后回到Word中，选中对应的5个单元格，将剪贴板内容粘贴过来
D. 将文本文件中的5行文字，复制到剪贴板，然后回到Word中，选中该表格，将剪贴板内容粘贴过来
32. 张经理在对Word 2016文档格式的工作报告进行修改的过程中，希望在原始文档显示其修改的内容和状态，最优的操作方法是（　　）。
A. 利用“审阅”选项卡的批注功能，为文档中的每一处需要修改的地方添加批注，将自己的意

见写到批注里

B. 利用“插入”选项卡的文本功能，为文档中每一处需要修改的地方添加文档部件，将自己的意见写在文档部件里中

C. 利用“审阅”选项卡的修订功能，选择带“显示标记”的文档修订查看方式，按下“修订”按钮，然后在文档中直接修改内容

D. 利用“插入”选项卡的修订标记功能，为文档中每一处需要修改的地方插入修订符号，然后在文档中直接修改内容

33. 小华利用 Word 2016 编辑一份书稿，出版社要求目录和正文的页码分别采用不同的格式，且均从第 1 页开始，最优的操作方法是（　　）。

A. 将目录和正文分别存在两个文档中，分别设置页码

B. 将目录与正文之间插入分节符，在不同的节中设置不同的页码

C. 在目录与正文之间插入分节符，在分页符前后设置不同的页码

D. 在 Word 中不设置页码，将其转换成 PDF 格式时再增加页码

34. 小明的毕业论文分别请两位老师进行了审阅，每位老师分别通过 Word 2016 的修订功能对该论文进行了修改，现在，小明需要将两份经过修订的文档合并为一份，最优的操作方法是（　　）。

A. 小明可以在一份修订较多的文档中，将另一份修订较少的文档修改内容手动对照补充进去

B. 请一位老师在另一位老师修订后的文档中再进行一次修订

C. 利用 Word 2016 比较功能，将两位老师的修订合并到一个文档中

D. 将修订较少的那部分舍弃，只保留修订较多的那份论文作为终稿

35. 小王利用 Word 2016 撰写专业学术论文时，需要在论文结尾处罗列出所有参考文献或书目，最优的操作方法是（　　）。

A. 直接在论文结尾处输入所参考文献的相关信息

B. 把所有参考文献信息保存在一个单独表格中，然后复制到论文结尾处

C. 利用 Word 2016 中“管理源”和“插入书目”功能，在论文结尾处插入参考文献或书目列表

D. 利用 Word 2016 中“插入尾注”功能，在论文结尾处插入参考文献或书目列表

36. 小明需要将 Word 2016 文档内容以稿纸格式输出，最优的操作方法是（　　）。

A. 适当调整文档内容的字号，然后将其直接打印到稿纸上

B. 利用 Word 2016 中“稿纸设置”功能即可

C. 利用 Word 2016 中“表格”功能绘制稿纸，然后将文字内容复制到表格中

D. 利用 Word 2016 中“文档网格”功能即可

37. 小王需要在 Word 2016 文档中将应用了“标题 1”样式的所有段落的格式调整为“段前、段后各 12 磅，单倍行距”，最优的操作方法是（　　）。

A. 将每个段落逐一设置为“段前、段后各 12 磅，单倍行距”。

B. 将其中一个段落设置为“段前、段后各 12 磅，单倍行距”，然后利用格式刷功能将格式复制到其他段落

C. 修改“标题 1”样式，将其段落格式设置为“段前、段后各 12 磅，单倍行距”

D. 利用查找替换功能，将“样式：标题 1”替换为“行距：单倍行距，段落间距段前：12 磅，段后：12 磅”

38. 如果希望为一个多页的 Word 2016 文档添加页面图片背景，最优的操作方法是（　　）。

A. 在每一页中分别插入图片，并设置图片的环绕方式为衬于文字下方

B. 利用水印功能，将图片设置为文档水印

C. 利用页面填充效果功能，将图片设置为页面背景

D. 执行“插入”选项卡中的“页面背景”命令，将图片设置为页面背景

39. 在 Word 2016 中，不能作为文本转换为表格的分隔符是（　　）。

A. 段落标记　　B. 制表符　　C. @　　D. ##

40. 将 Word 2016 文档中的大写英文字母转换为小写，最优的操作方法是（　　）。

A. 执行“开始”选项卡“字体”组中的“更改大小写”命令

B. 执行“审阅”选项卡“格式”组中的“更改大小写”命令

C. 执行“引用”选项卡“格式”组中的“更改大小写”命令

D. 单击鼠标右键，在弹出的菜单中执行“更改大小写”命令

41. Excel 2016 工作表 D 列保存了 18 位身份证号码信息，为了保护个人隐私，需将身份证信息的第 3、4 位和第 9、10 位用“*”表示，以 D2 单元格为例，最优的操作方法是（　　）。

A. =REPLACE(D2，9，2，"**")+REPLACE(D2，3，2，"**")

B. =REPLACE(D2，3，2，"**"，9，2，"**")

C. =REPLACE(REPLACE(D2，9，2，"**")，3，2，"**")

D. =MID(D2，3，2，"**"，9，2，"**")

42. 不可以在 Excel 2016 工作表中插入的迷你图类型是（　　）。

A. 迷你折线图　　B. 迷你柱形图　　C. 迷你散点图　　D. 迷你盈亏图

43. 在 Excel 2016 工作表单元格中输入公式时，F$2 的单元格引用方式称为（　　）。

A. 交叉地址引用　　B. 混合地址引用

C. 对地址引用　　D. 绝对地址引用

44. 在同一个 Excel 2016 工作簿中，如需区分不同工作表的单元格，则要在引用地址前面增加（　　）。

A. 单元格地址　　B. 公式

C. 工作表名称　　D. 工作簿名称

45. 小明希望在 Excel 2016 中的每个工作簿中输入数据时，字体、字号总能自动设为 Calibri、9 磅，最优的操作方法是（　　）。

A. 先输入数据，然后选中这些数据并设置其字体、字号

B. 先选中整个工作表，再设置字体、字号后并输入数据

C. 先选中整个工作表并设置字体、字号，之后将其保存为模板，再依据该模板创建新工作簿并输入数据

D. 通过后台视图的常规选项，设置新建工作簿时默认的字体、字号，然后再新建工作簿并输入数据

46. 如需将 PowerPoint 2016 演示文稿中的 SmartArt 图形列表内容通过动画效果一次性地展现出来，最优的操作方法是（　　）。

A. 将 SmartArt 动画效果设置为“整批发送”

B. 将 SmartArt 动画效果设置为“一次按级别”

C. 将 SmartArt 动画效果设置为“逐个按分支”

D. 将 SmartArt 动画效果设置为“逐个按级别”

47. 在 PowerPoint 2016 演示文稿中通过分节组织幻灯片，如果要选中某一节内的所有幻灯片，最优的操作方法是（　　）。

A. 按【Ctrl+A】组合键

B. 选中该节的一张幻灯片，然后按住【Ctrl】键，再逐个选中该节的其他幻灯片

C. 选中该节的一张幻灯片，然后按住【Shift】键，再单击该节最后一张幻灯片

D. 单击该节标题

48. 小梅需将 PowerPoint 2016 演示文稿内容制作成一份 Word 2016 版本讲义，以便后续可以灵活地编辑及打印，最优的操作方法是（　　）。

A. 切换到演示文稿的“大纲”视图，将大纲内容直接复制到 Word 2016 文档中

B. 在 PowerPoint 2016 中利用“创建讲义”功能，直接创建 Word 2016 讲义

C. 将演示文稿中的幻灯片以粘贴对象的方式一张张复制到 Word 2016 文档中

D. 将演示文稿另存为“大纲/RTF 文件”格式，然后在 Word 2016 中打开

49. 小刘正在整理公司各产品线介绍的 PowerPoint 2016 演示文稿，因幻灯片内容较多，不易于对各产品线演示内容进行管理。快速分类和管理幻灯片的最优操作方法是（　　）。

A. 利用节功能，将不同的产品线幻灯片分别定义为独立节

B. 为不同的产品线幻灯片分别指定不同的设计主题，以便浏览

C. 利用自定义幻灯片放映功能，将每个产品线定义为独立的放映单元

D. 将演示文稿拆分成多个文档，按每个产品线生成一份独立的演示文稿

50. 邱老师在学期总结 PowerPoint 2016 演示文稿中插入了一个 SmartArt 图形，她希望将该 SmartArt 图形的动画效果设置为逐个形状播放，最优的操作方法是（　　）。

A. 为该 SmartArt 图形选择一个动画类型，然后再进行适当的动画效果设置

B. 只能将 SmartArt 图形作为一个整体设置动画效果，不能分开指定

C. 先将该 SmartArt 图形取消组合，然后再为每个形状依次设置动画

D. 先将该 SmartArt 图形转换为形状，然后取消组合，再为每个形状依次设置动画

二、填空题

1. 计算机语言发展经历的 3 个阶段，分别是______、______和______。计算机硬件能直接识别、执行的语言是______。

2. 软件系统可分为______和______两大类。数据库管理系统、汇编程序、编译软件等是一种在操作系统之上的______。

3. 系统软件的核心是操作系统，常用的操作系统为______。

4. 从用户的观点看，______是用户与计算机之间的接口。

5. 系统总线就是连接 CPU、存储器和一切外部设备的通路，系统总线包含有 3 种不同功能的总线，即______、______和______。

6. 多媒体系统是对______、______、______、______、______、______及其资源进行管理的系统，可以在所有安装了多媒体软、硬件的计算机系统上运行。

7. 多媒体技术的主要特点是______和______。

8. 计算机网络中传输速率的单位是______。

9. 在计算机中，每个存储单元都有一个连续的编号称为______。

10. 计算机病毒主要通过______和______两大途径进行传播。

11. ______属于计算机本身的安全设置。

12. Word 2016 启动时将打开一个名为________新文档。

13. 正在编辑的文字内容都暂时存放在计算机内存中，若要永久存入磁盘，则应进行________操作。

14. 每个工作簿由多张________组成。

15. 当光标在一个自然段某处时，按一下________键，就可以将其分成两个自然段。

16. 把光标移至文档某一行最左边，________击鼠标左键，就可以选定一行。

17. 在 Excel 2016 中，如果在单元格中需要填入序列数据，则可以使用 Excel 2016 的________功能。

18. Excel 2016 提供了________功能，可完成多个单元数据的合计运算。

19. Excel 2016 提供排序的功能，方法有________和________两种。
20. 用 PowerPoint 2016 创建的用于演示的文件称为________。

三、判断题（正确的打√，否则打 ×）

1. 以晶体管为主要器件的计算机属于第四代计算机。(　　)
2. 计算机内部采用十进制的处理方式。(　　)
3. 二进制的 101101 大于十进制数 32。(　　)
4. 存储器是用于保存程序、数据、运算结果的。(　　)
5. 硬盘安装在主机箱内，所以是内存储器。(　　)
6. 鼠标是计算机的输入设备。(　　)
7. ROM 中的内容可以随时更换。(　　)
8. 财务管理软件是一种系统软件。(　　)
9. Word 2016 是一个应用软件。(　　)
10. 在 Word 2016 窗口的垂直标尺上有左缩进、右缩进和首行缩进符。(　　)
11. 如果编辑一个新文件并首次保存，会出现一个“另存为”对话框。(　　)
12. 单击工具栏上的打开按钮，会出现一个“打开”对话框。(　　)
13. 使用工具栏中的“剪切”按钮不能删除选定的文字。(　　)
14. 进行文字移动操作时，首先要选定文本。(　　)
15. 利用拆分命令可以将表格的一个单元拆成几个单元。(　　)

自 测 题 三

一、选择题（单选）

1. 3072KB 等于（　　）MB。
A. 30　　B. 3.072　　C. 3　　D. 30.72
2. 内存储器的特点是（　　）。
A. 容量大，速度快　　B. 容量大，速度慢
C. 容量小，速度慢　　D. 容量小，速度快
3. 打开 Word 2016 窗口后，用户使用的窗口中间区域称为（　　）。
A. 工具栏　　B. 状态栏　　C. 标题栏　　D. 编辑区
4. 若要使选定的文字靠左右都对齐，则应单击（　　）按钮。
A. 两端对齐　　B. 居中　　C. 右对齐　　D. 分散对齐
5. Word 2016 是一个（　　）的文字处理软件。
A. 中文　　B. 英文　　C. 所见即所得　　D. 表格
6. 下列单元格地址中是正确的是（　　）。
A. B4　　B. B:4　　C. 4B　　D. 4:B
7. 若要清除单元格中的内容，则应使用（　　）组中的“清除”命令。
A. “文件”　　B. “编辑”　　C. “视图”　　D. “插入”
8. 序列填充应使用（　　）实现。
A. 剪切　　B. 复制　　C. 粘贴　　D. 填充柄
9. PowerPoint 2016 中可以对幻灯片进行移动、删除、添加、复制、设置动画效果等操作，但不能编辑幻灯片中具体内容的视图是（　　）。
A. 普通视图　　B. 幻灯片浏览视图

C. 幻灯片放映视图　　D. 大纲视图

10. 放映幻灯片有多种方法，在默认状态下，下列操作中可以不从第一张幻灯片开始放映的是（　）。

A. “幻灯片放映”选项卡下“观看放映”命令项

B. 视图按钮栏上的“幻灯片放映”按钮

C. “视图”选项卡下的“幻灯片放映”命令项

D. 在“资源管理器”中，用鼠标右键单击演示文稿文件，在弹出的快捷菜单中选择“显示”命令

11. 世界上公认的第一台电子计算机诞生在（　）。

A. 中国　　B. 美国　　C. 英国　　D. 日本

12. 在计算机中，组成一个字节的二进制位位数是（　）。

A. 1　　B. 2　　C. 4　　D. 8

13. 下列关于 ASCII 的叙述中，正确的是（　）。

A. 一个字符的标准 ASCII 占一个字节，其最高二进制位总为 1

B. 所有大写英文字母的 ASCII 值都小于小写英文字母“a”的 ASCII 值

C. 所有大写英文字母的 ASCII 值都大于小写英文字母“a”的 ASCII 值

D. 标准 ASCII 表有 256 个不同的字符编码

14. 下列选项中属于“计算机安全设置”的是（　）。

A. 定期备份重要数据　　B. 不下载来路不明的软件及程序

C. 禁用 Guest 账号　　D. 安装杀（防）毒软件

15. CPU 主要技术性能指标有（　）。

A. 字长、主频和运算速度　　B. 可靠性和精度

C. 耗电量和效率　　D. 冷却效率

16. 在下列设备组中，完全属于输入设备的一组是（　）。

A. CD-ROM 驱动器、键盘、显示器

B. 绘图仪、键盘、鼠标

C. 键盘、鼠标、扫描仪

D. 打印机、硬盘、条码阅读器

17. 在计算机系统软件中，最基本、最核心的软件是（　）。

A. 操作系统　　B. 数据库管理系统

C. 程序语言处理系统　　D. 系统维护工具

18. 在下列软件中，属于系统软件的是（　）。

A. 航天信息系统　　B. Office 2016　　C. Windows 10　　D. 决策支持系统

19. 在下列关于计算机病毒的叙述中，正确的是（　）。

A. 反病毒软件可以查、杀任何种类的病毒

B. 计算机病毒是一种被破坏了的程序

C. 反病毒软件必须随着新病毒的出现而升级，以提高查、杀病毒的能力

D. 感染过计算机病毒的计算机具有对该病毒的免疫性

20. 如果删除一个非零无符号二进制偶整数后的 2 个 0，则此数的值为原数的（　）。

A. 4 倍　　B. 2 倍　　C. 1/2　　D. 1/4

21. 高级程序设计语言的特点是（　）。

A. 高级语言数据结构丰富

B. 高级语言与具体的计算机结构密切相关

C. 高级语言接近算法语言不易掌握
D. 用高级语言编写的程序计算机可立即执行
22. 计算机硬件能直接识别、执行的语言是（　　）。
A. 汇编语言　　B. 机器语言　　C. 高级程序语言　　D. C++语言
23. 计算机的系统总线是计算机各部件间传递信息的公共通道，分为（　　）。
A. 数据总线和控制总线
B. 地址总线和数据总线
C. 数据总线、控制总线和地址总线
D. 地址总线和控制总线
24. 微机硬件系统中最核心的部件是（　　）。
A. 内存储器　　B. 输入/输出设备　　C. CPU　　D. 硬盘
25. IE浏览器收藏夹的作用是（　　）。
A. 收集感兴趣的页面地址　　B. 收集感兴趣的页面内容
C. 收集感兴趣的文件内容　　D. 收集感兴趣的文件名
26. 用“综合业务数字网”（又称“一线通”）接入因特网的优点是上网、通话两不误，它的英文缩写是（　　）。
A. ADSL　　B. ISDN　　C. ISP　　D. TCP
27. 当电源关闭后，下列关于存储器的说法中，正确的是（　　）。
A. 存储在RAM中的数据不会丢失
B. 存储在ROM中的数据不会丢失
C. 存储在U盘中的数据会全部丢失
D. 存储在硬盘中的数据会丢失
28. 计算机指令由两部分组成，它们是（　　）。
A. 运算符和运算数　　B. 操作数和结果　　C. 操作码和操作数　D. 数据和字符
29. 有一域名为bit.edu.cn，根据域名代码的规定，此域名表示（　　）。
A. 教育机构　　B. 商业组织　　C. 军事部门　　D. 政府机关
30. 能保存网页地址的文件夹是（　　）。
A. 收件箱　　B. 公文包　　C. 我的文档　　D. 收藏夹
31. 在下列操作中，不能在Word 2016文档中插入图片的操作是（　　）。
A. 使用“插入对象”功能　　B. 使用“插入交叉引用”功能
C. 使用复制、粘贴功能　　D. 使用“插入图片”功能
32. 在Word 2016文档编辑状态下，将光标定位于任一段落位置，设置1.5倍行距后，出现的结果是（　　）。
A. 全部文档没有任何改变
B. 全部文档按1.5倍行距调整段落格式
C. 光标所在行按1.5倍行距调整格式
D. 光标所在段落按1.5倍行距调整格式
33. 小李使用Word 2016编辑一篇包含12章的书稿，他希望书稿的每一章都能自动从新的一页开始，最优的操作方法是（　　）。
A. 在每一章最后插入分页符
B. 在每一章最后连续按回车键【Enter】，直到下一页面开始处
C. 将每一章标题的段落格式设为“段前分页”

D. 将每一章标题指定为标题样式，并将样式的段落格式修改为“段前分页”

34. 小李的打印机不支持自动双面打印，但他希望将一篇在 Word 2016 中编辑好的论文连续打印在 A4 纸的正反两面上，最优的操作方法是（　　）。

A. 先单面打印一份论文，然后找复印机进行双面复印

B. 打印时先指定打印所有奇数页，将纸张翻过来后，再指定打印偶数页

C. 打印时先设置“手动双面打印”，待 Word 2016 提示打印第二面时将纸张翻过来继续打印

D. 先在文档中选择所有奇数页并在打印时设置“打印所选内容”，将纸张翻过来后，再选择打印偶数页

35. 张编辑休假前正在审阅一部 Word 2016 书稿，他希望回来上班时能够快速找到上次编辑的位置，在 Word 2016 中最优的操作方法是（　　）。

A. 下次打开书稿时，直接通过滚动条找到该位置

B. 记住一个关键词，下次打开书稿时，通过“查找”功能找到该关键词

C. 记住当前页码，下次打开书稿时，通过“查找”功能定位页码

D. 在当前位置插入一个书签，通过“查找”功能定位书签

36. 小金从网站上查到了最近一次全国人口普查的数据表格，他准备将这份表格中的数据引用到 Excel 2016 中以便进行进一步的分析，最优的操作方法是（　　）。

A. 对照网页上的表格，直接将数据输入到 Excel 工作表中

B. 通过复制粘贴功能，将网页上的表格复制到 Excel 工作表中

C. 通过 Excel 2016 中的“自网站获取外部数据”功能，直接将网页上的表格导入到 Excel 工作表中

D. 先将包含表格的网页保存为.html 或.mht 格式文件，然后在 Excel 2016 中直接打开该文件

37. 小胡利用 Excel 2016 对销售人员的销售额进行统计，销售工作表中已包含每位销售人员对应的产品销量，且产品销售单价为 308 元，计算每位销售人员销售额的最优操作方法是（　　）。

A. 直接通过公式“=销量*308”计算销售额

B. 将单价 308 定义名称为“单价”，然后在计算销售额的公式中引用该名称

C. 将单价 308 输入到某个单元格中，然后在计算销售额的公式中绝对引用该单元格

D. 将单价 308 输入到某个单元格中，然后在计算销售额的公式中相对引用该单元格

38. 小李在 Excel 2016 中整理职工档案，希望“性别”一列只能从“男”或者“女”两个值中进行选择，否则系统将提示错误信息，最优的操作方法是（　　）。

A. 通过 IF 函数进行判断，控制“性别”列的输入内容

B. 请同事帮忙进行检查，错误内容标记为红色

C. 设置条件格式，标记不符合要求的数据

D. 设置数据有效性，控制“性别”列的输入内容

39. 小谢在 Excel 工作表中计算每个员工的工作年限，每满一年计一年工作年限，最优的操作方法是（　　）。

A. 根据员工的入职时间计算工作年限，然后手动录入到工作表中

B. 直接用当前日期减去入职日期，然后除以 365，并向下取整

C. 使用 TODAY 函数返回值减去入职日期，然后除以 365，并向下取整

D. 使用 YEAR 函数和 TODAY 函数获取当前年份，然后减去入职年份

40. 在 Excel 2016 中，如需对 A1 单元格数值的小数部分进行四舍五入运算，最优的操作方法是（　　）。

A. =INT(A1)　　　　B. =INT(A1+0.5)

C. =ROUND(A1，0)　　　　D. =ROUNDUP(A1，0)

41. 小李使用 Excel 2016 编辑一个包含上千人的工资表，他希望在编辑过程中总能看到表明每列数据性质的标题行，最优的操作方法是（　　）。
A. 通过 Excel 2016 的拆分窗口功能，使上方窗口显示标题行，同时在下方窗口中编辑内容
B. 通过 Excel 2016 的冻结窗格功能将标题行固定
C. 通过 Excel 2016 的新建窗口功能，创建一个新窗口，并将两个窗口水平并排显示，其中左边窗口显示标题行
D. 通过 Excel 2016 的打印标题功能设置标题行重复出现
42. 老王使用 Excel 2016 计算员工本年度的年终奖金，他希望与存放在不同工作簿中的前 3 年奖金发放情况进行比较，最优的操作方法是（　　）。
A. 分别打开前 3 年的奖金工作簿，将它们复制到同一个工作簿中进行比较
B. 通过全部重排功能，将 4 个工作簿平铺在屏幕上进行比较
C. 通过并排查看功能，分别将今年与前 3 年的数据两两进行比较
D. 打开前 3 年的奖金工作簿，需要比较时在每个工作簿窗口之间进行切换查看
43. 钱经理正在审阅借助 Excel 2016 统计的产品销售情况，他希望能够同时查看这个千行千列的超大工作表的不同部分，最优的操作方法（　　）。
A. 将该工作表另存几个副本，然后打开并重排这几个工作表以分别查看不同的部分
B. 在工作表合适的位置冻结拆分窗格，然后分别查看不同的部分
C. 在工作表合适的位置拆分窗口，然后分别查看不同的部分
D. 在工作表中新建几个窗口，重排窗口后在每个窗口中查看不同的部分
44. 小王要将一份通过 Excel 2016 整理的调查问卷统计结果送交经理审阅，这份调查问卷统计结果包含统计结果和中间数据两个工作表。他希望经理无法看到其存放中间数据的工作表，最优的操作方法是（　　）。
A. 将存放中间数据的工作表删除
B. 将存放中间数据的工作表移动到其他工作簿保存
C. 将存放中间数据的工作表隐藏，然后设置保护工作表隐藏
D. 将存放中间数据的工作表隐藏，然后设置保护工作簿结构
45. 小韩在 Excel 2016 中制作了一份通讯录，并为工作表数据区域设置了合适的边框和底纹，她希望工作表中默认的灰色网格线不再显示，最快捷的操作方法是（　　）。
A. 在“页面设置”对话框中设置不显示网格线
B. 在“页面布局”选项卡上的“工作表选项”组中设置不显示网格线
C. 在后台视图的高级选项下，设置工作表不显示网格线
D. 在后台视图的高级选项下，设置工作表网格线为白色
46. 小江在制作公司产品介绍的 PowerPoint 2016 演示文稿时，希望每类产品可以通过不同的演示主题进行展示，最优的操作方法是（　　）。
A. 为每类产品分别制作演示文稿，每份演示文稿均应用不同的主题
B. 为每类产品分别制作演示文稿，每份演示文稿均应用不同的主题，然后将这些演示文稿合并为一个
C. 在演示文稿中选中每类产品所包含的所有幻灯片，分别为其应用不同的主题
D. 通过 PowerPoint 2016 中的“主题分布”功能，直接应用不同的主题
47. 设置 PowerPoint 2016 演示文稿中的 SmartArt 图形动画，要求一个分支形状展示完成后再展示下一分支形状内容，最优的操作方法是（　　）。
A. 将 SmartArt 动画效果设置为“整批发送”

B. 将 SmartArt 动画效果设置为“一次按级别”
C. 将 SmartArt 动画效果设置为“逐个按分支”
D. 将 SmartArt 动画效果设置为“逐个按级别”
48. 在 PowerPoint 2016 演示文稿中通过分节组织幻灯片，如果要求一节内的所有幻灯片切换方式一致，最优的操作方法是（　　）。
A. 分别选中该节的每一张幻灯片，逐个设置其切换方式
B. 选中该节的一张幻灯片，然后按住【Ctrl】键，逐个选中该节的其他幻灯片，再设置切换方式
C. 选中该节的第一张幻灯片，然后按住【Shift】键，单击该节的最后一张幻灯片，再设置切换方式
D. 单击节标题，再设置切换方式
49. 可以在 PowerPoint 2016 同一窗口显示多张幻灯片，并在幻灯片下方显示编号的视图是（　　）。
A. 普通视图　　B. 幻灯片浏览视图
C. 备注页视图　　D. 阅读视图
50. 针对 PowerPoint 2016 幻灯片中图片对象的操作，描述错误的是（　　）。
A. 可以在 PowerPoint 2016 中直接删除图片对象的背景
B. 可以在 PowerPoint 2016 中直接将彩色图片转换为黑白图片
C. 可以在 PowerPoint 2016 中直接将图片转换为铅笔素描效果
D. 可以在 PowerPoint 2016 中将图片另存为.psd 文件格式

二、填空题

1. 计算机网络最突出的优点是______和快速传输信息。
2. ______是构成网络的必需的基本设备，用于将计算机和通信电缆连接起来，以便经由电缆在计算机之间进行高速数据传输，因此，每台连到局域网的计算机都需要安装一块______。
3. LAN 是指______，是最常见、应用最广的一种网络。
4. 在 Internet 为人们提供的许多服务项目中，最常用的是在各 Internet 站点之间漫游，浏览文本、图形和声音各种信息，这项服务称为______。
5. 在 Internet 上浏览时，浏览器和 WWW 服务器之间传输网页使用的协议是______。
6. 正确的 IP 地址是四段，×××.×××.×××.×××，其中每个×××的节都是 0～______的数字。
7. 上网需要在计算机上安装______软件，网页______可以保存网页地址。
8. 教育机构的域名代码是______，如 bit.edu.cn；政府部门网站的域名代码是______。
9. 二进制数据的长度单位有________、________、________、________、________。
10. 我国标准的汉字字符集的编码采用________编码。
11. 中央处理器简称为________，由两部分组成：________和________，是整个计算机系统的指挥中心。
12. 内存储器按其功能可以分为________和________两种。
13. CD-ROM 的中文名称为________。
14. 单击工具栏上的________按钮，可以创建一个新文档。
15. 如果要把正在编辑的旧文档存入新的位置，则应执行“文件”菜单中的________命令。
16. 若要恢复误删除的一段文字，则可以单击工具栏上的________按钮。
17. 用拖动的方式实现文字的复制操作时，应使用键盘的________键来配合。
18. 进行段落排版时，常用的对齐方式有________、________、________、________。
19. 启动 Excel 2016 后，将自动创建一个新文件，名为________。
20. 每个工作表由多个________组成。

21. 如果按住________键，拖动鼠标就可以实现选定单元格的复制操作。

22. 若要进行自动求和计算，则必须________需要求和的数值范围。

三、判断题（正确的打√，否则打×）

1. 计算机的操作系统是一种不可缺少的硬件设备。(　　)
2. 程序由一系列指令或语句组成。(　　)
3. 硬盘可以长期保存程序和数据。(　　)
4. Word 2016 可以实现图、表、文混合排版。(　　)
5. 选择不同的字号可以改变笔画的粗细和倾斜。(　　)
6. Word 2016 是一种所见即所得的文字处理软件。(　　)
7. 在“改写”状态下，也可以插入文字符号。(　　)
8. Word 2016 中的撤销功能在编辑过程中只能使用一次。(　　)
9. 单击“粘贴”按钮，则剪贴板上的内容会被复制到文本的光标位置。(　　)
10. 使用 Word 2016 编辑文档时，还可以调整文字的颜色。(　　)
11. 使用“段落”组中的“段落”对话框，可以设置文字的行间距。(　　)
12. 编辑 Word 2016 文档时，只有打印出来后才能看到排版效果。(　　)
13. Word 2016 无法改变插入图片的大小。(　　)
14. Excel 2016 是基于 Windows 10 平台的一种电子表格处理软件。(　　)
15. 编辑栏只能用于计算公式的输入。(　　)

参考文献

[1] 杨小丽. Access 2016 从入门到精通[M]. 北京：中国铁道出版社，2016.
[2] 刘玉红，李园. Access 2016 数据库应用与开发[M]. 北京：清华大学出版社，2017.
[3] 王秉宏. Access 2016 数据库应用基础教程[M]. 北京：清华大学出版社，2017.
[4] 徐效美，董刚，等. Access 2016 数据库应用实验教程[M]. 北京：清华大学出版社，2018.
[5] 翟宏宇. 计算机基础与程序设计实验教程[M]. 北京：电子工业出版社，2017.
[6] 翟萍，王贺明，等. 大学计算机基础 [M]. 5 版. 北京：清华大学出版社，2018.
[7] 刘冬莉，徐立辉. 计算机基础与应用[M]. 北京：清华大学出版社，2016.
[8] 程少丽，李莉莉. 中文版 Access 2016 数据库应用实用教程[M]. 北京：清华大学出版社，2017.
[9] 崔昊. Office 2016 三合一高效办公手册[M]. 北京：北京日报出版社，2017.
[10] 金松河. 最新 Office 2016 高效办公六合一[M]. 北京：中国青年出版社，2018.
[11] 吕咏，葛春雷. Visio 2016 图形设计[M]. 北京：清华大学出版社，2016.
[12] 崔中伟，夏丽华. Visio 2016 图形设计[M]. 北京：清华大学出版社，2017.
[13] 张会斌，董方好. Project 2016 企业项目管理实践[M]. 北京：北京大学出版社，2017.
[14] 孔令德，张智华，曹敏，等. 计算机公共基础[M]. 北京：高等教育出版社，2007.
[15] 王菁，张亚利，等. Project 2016 项目管理自学经典[M]. 北京：清华大学出版社，2016.
[16] 冉洪艳，张晋廷. Project 2016 项目管理标准教程[M]. 北京：清华大学出版社，2017.
[17] 沈良峰，王昭辉. Project 工程项目管理软件应用[M]. 北京：化学工业出版社，2018.
[18] 程晓锦，等. 大学计算机基础实验指导[M]. 北京：清华大学出版社，2017.
[19] 齐运锋，等. 计算机文化基础学习指导——上机实验与等级考试[M]. 北京：科学出版社，2018.
[20] 贺雪晨，等. 多媒体技术实用教程（第 4 版）实验指导[M]. 北京：清华大学出版社，2018.
[21] 秦凯，等. 计算机基础与应用实验指导 [M]. 3 版. 北京：中国水利水电出版社，2018.
[22] 姚晓杰，黄海玉，张宇. 大学计算机信息素养基础实验指导[M]. 北京：中国水利水电出版社，2018.
[23] 王昆，李伟光. 大学计算机基础实验指导——全国计算机等级考试二级 MS Office 高级应用实验指导[M]. 北京：科学出版社，2018.
[24] 韩金玉. 中文版 Word 2016 文档处理实用教程[M]. 北京：清华大学出版社，2017.
[25] 凤舞科技. Word/Excel/PPT 2016 办公应用从入门到精通[M]. 北京：清华大学出版社，2017.
[26] 徐宁生. Word/Excel/PPT 2016 应用大全[M]. 北京：清华大学出版社，2018.

参考文献

[1] [illegible]. Access 2016[illegible][M]. 北京: 中国[illegible]出版社, 2016.
[2] [illegible]. Access 2016[illegible][M]. 北京: [illegible]出版社, 2018.
[3] [illegible]. Access 2016[illegible][M]. 北京: [illegible]出版社, 2017.
[4] [illegible]. Access 2016[illegible][M]. 北京: [illegible]出版社, 2017.
[5] [illegible][M]. 北京: [illegible]出版社, 2017.
[6] [illegible][M]. 北京: [illegible]出版社, 2018.
[7] [illegible]. 北京: [illegible]出版社, 2016.
[8] [illegible]. Access 2016[illegible][M]. 北京: [illegible]出版社, 2017.
[9] [illegible]. Office 2016[illegible]. 北京: [illegible]出版社, 2017.
[10] [illegible]. Office 2016[illegible][M]. 北京: [illegible]出版社, 2018.
[11] [illegible]. Visio 2016[illegible][M]. 北京: [illegible]出版社, 2016.
[12] [illegible]. Visio 2016[illegible][M]. 北京: [illegible]出版社, 2017.
[13] [illegible]. Project 2016[illegible][M]. 北京: [illegible]出版社, 2017.
[14] [illegible][M]. 北京: [illegible]出版社, 2009.
[15] [illegible]. Project 2016[illegible][M]. 北京: [illegible]出版社, 2016.
[16] [illegible]. Project 2016[illegible][M]. 北京: [illegible]出版社, 2017.
[17] [illegible]. Project[illegible][M]. 北京: [illegible]出版社, 2018.
[18] [illegible][M]. 北京: [illegible]出版社, 2017.
[19] [illegible][M]. 北京: [illegible]出版社, 2018.
[20] [illegible][M]. 北京: [illegible]出版社, 2018.
[21] [illegible][M]. 北京: [illegible]出版社, 2018.
[22] [illegible][M]. 北京: [illegible]出版社, 2018.
[23] [illegible][M]. 北京: [illegible]出版社, 2018.
[24] [illegible]. Word 2016[illegible][M]. 北京: [illegible]出版社, 2016.
[25] [illegible]. Word[illegible] 2016[illegible][M]. 北京: [illegible]出版社, 2017.
[26] [illegible]. Word、Excel、PPT 2016[illegible][M]. 北京: [illegible]出版社, 2018.